气动循环除尘系统流动特性与分离效率

郗 元　张西龙　代 岩　张永亮　著

中南大学出版社
www.csupress.com.cn
·长沙·

内容简介

扫路车是一种利用负压工作的新型城市环保机械，而决定其吸尘性能的关键在于其吸入端气动循环除尘系统工作时的流动特性与分离效率。本书内容共8章。首先，以气动循环除尘系统所吸入的颗粒多物理属性为研究对象，初步构建基于颗粒物理属性的除尘性能回归模型，通过分析各参数对流动特性的影响规律及内外流场复杂分界面的作用效果，确定可缩比例壁面函数对计算结果的稳健性。其次，基于均匀设计方法和多元回归理论，建立气动循环除尘系统结构参数中吸尘口直径、吸尘口倾角和前挡板倾角对前进气面平均风速影响的回归模型。同时，构建运行参数中反吹风量、系统压降和行驶速度对分离效率影响的回归模型，明确影响因素间交互关系及协同效果，实现了"结构参数 + 运行参数"双重优化效果。最后，结合加工样机进行测试分析，并对 FLUENT – Edem 双向耦合模型进行探究和构建，多角度验证模型的可靠性。

本书可供通风除尘、气力输送、强化传质等领域的科技人员、管理人员阅读，也可供流体机械与工程、环境科学与工程、化学科学与工程等专业的师生参考。

前　言

　　交通流量的急剧增加导致道路维护困难的不断升级。城市道路颗粒物污染是目前国内城市污染源中最重要的一个。传统的人工式清扫道路不但耗时长且作业效率较低,不利于现代化道路发展。减少城市内道路的尘负荷是解决颗粒物污染的根本途径,而扫路车作为环保除尘装备,逐步引起了商家及学者的广泛关注。随着我国道路建设规模、环境保护意识的不断增强,扫路车购买力逐年上升。随着时间的推移和市场化需求,扫路车的生产量仍在大幅度上升。因此,不断提高扫路车清扫性能成为扫路车行业未来发展中重要的技术所在。对其研究和探索具有较高的社会关注度、科研价值及经济效益。

　　本书以气动循环除尘系统为研究对象,对气动循环除尘系统的颗粒多物理属性除尘性能回归模型进行初步构建,并给出了针对待回收颗粒物理属性的最优化参数匹配建议。提出了气动循环除尘系统结构参数中吸尘口直径、吸尘口倾角和前挡板倾角对前进气面平均风速影响的回归方程,及其运行参数中反吹风量、系统压降和行驶速度对除尘效率影响的回归方程,并结合回归方程确定了气动循环除尘系统的最佳结构参数和运行参数组合。具体工作如下:

　　基于已确定的扩展区结构,对比分析了气动循环除尘系统流道模型的非结构和结构网格离散化处理结果,同时得知壁面函数对气动循环除尘系统内部流场计算有一定影响,并确定了可缩比例壁面函数对计算结果的稳健性。在此基础上,详细地介绍了气动循环除尘系统模拟计算方法,并结合企业试验数据进行了初步验证,确定了模型处理的可行性。讨论了固相中的尘粒及大颗物粒的吸拾条件，并计算得出不同粒径下尘粒以及大粒径物体的起动速度关系，为气动循环除尘系统的设计提供了理论参考。分析了结构参数中吸尘口直径、吸尘口倾斜角度和前挡板倾斜角度对前进气平均速度的影响。结合均匀设计和多元回归分析对这三个结构参数进行分析，研究表明这三个结构参数对吸尘性能有一定影响，且各参数对吸尘性能的影响主次顺序为吸尘口直径影响最大，其次是前挡板倾斜角度，吸尘口倾斜角度最小；结构参数交互作用影响中，吸尘口直径和前挡板倾斜角度的交互作用影响最大，其次是吸尘口倾斜角度和前挡板倾斜角度的交互作用，吸尘口直径和吸尘口倾斜角度的交互作用较弱，可忽略不计。综合各参数特点，提出结构改进方案，同时建立虚拟样机验证了该结构的可行性。

除尘性能的提高包括"结构参数 + 运行参数"。以最优结构为基础，配合气动循环除尘系统的反吹风量、系统压降和行驶速度三个运行参数，结合均匀优化设计和多元回归分析方法得出运行参数对总除尘效率影响的回归方程。分析结果表明三个运行参数均对气动循环除尘系统的吸尘性能有一定的影响，其中反吹风量影响最为显著；因素交互影响中，反吹风量和行驶速度的交互作用对吸尘性能影响最大，其次是反吹风量和系统压降的交互作用，系统压降及行驶速度的交互作用较弱，可忽略不计。综合考虑各运行参数的特点，提出运行参数最佳配合方案，同时结合所建的虚拟样机进行了运行参数模拟验证，效果较为显著。

为了验证构建的虚拟样机内部流场及除尘效率计算的准确性，进行样机试制和试验测试。测试结果和 CFD 仿真结果的一致性较好，说明了运用 CFD 技术进行气动循环除尘系统吸尘性能的优化研究是一种有效的方法，同时为气动循环除尘系统的设计提供了参考。

利用 FLUENT - Edem 双向流固耦合分析方法，解决颗粒在流体中的运动轨迹计算问题，进而计算颗粒分离效率，并提出适应性改进设计方案。颗粒的回收分离效率会随着颗粒直径的变大而减小。通过对标行业标准（QC/T 51—2006），对最大直径颗粒吸入效果进行模拟验证，其虽可被顺利吸入，但在装置内滞留时间较长。对比不同直径颗粒在系统中的碰撞次数，碰撞次数并不会如同颗粒数量一样随着颗粒直径的增大而一直增大，而是呈现出先增加后减少的趋势。颗粒在设备中滞留时间长、运动复杂是原始模型颗粒回收率低的原因之一。

本书在撰写过程中得到了吉林大学成凯教授、大连理工大学贺高红教授、山东东岳集团华夏神舟新材料有限公司王汉利正高级工程师、长春工业大学母德强教授的悉心指导。在此，本人对他们为本书所做出的重要贡献表示衷心的感谢。

本书的出版得到了中国博士后科学基金资助项目（编号：2020M672084、2020M682206）、辽宁省"兴辽英才"计划青年拔尖人才项目（编号：XLYC2007040）、国家自然科学基金资助项目（编号：51806114、51874187、21706023）、国家自然科学基金创新研究群体科学基金资助项目（22021005）的资助，在此一并表示感谢。

最后，还要衷心感谢本书所引用的参考资料的所有作者，感谢出版人员对本书的出版所付出的努力。由于作者水平有限，书中难免有疏漏和不妥之处，恳请读者批评指正。

郗 元

2021 年 1 月

目 录

第1章

道路除尘装备研究现状

1.1　研究背景及研究目的与意义

　　近年来，随着国内城镇化道路建设的不断加快，汽车已经逐步进入了千家万户。据有关研究分析，我国"汽车下乡"政策的购买意愿急剧上升。中国汽车市场的增长态势和未来购买潜力均属世界前列。交通流量的急剧增加导致道路维护困难不断升级。传统的人工式清扫道路不但耗时长且作业效率较低，不利于现代化道路发展。

　　城市道路颗粒物污染是目前国内城市污染源中的重要原因之一，同时也是雾霾产生的根源之一。特别在近几年来，雾霾严重影响了我国大部分城市。道路扬尘作为城市颗粒物污染的主要来源引起了广泛的重视。减少城市内道路的尘负荷是解决颗粒物污染的根本途径。扫路车作为环卫设备之一，是一种集路面清扫、垃圾回收和运输为一体的新型高效清扫设备，逐步引起了商家及学者的广泛关注。伴随我国道路建设、环境保护意识的不断增强，其购买力在逐年上升。

　　现在国内市场的扫路车主要为吸扫式和纯吸式扫路车，扫路车的引入大大降低了人工清扫的工作量，提高了街道清扫的作业效果，大大节省了人力。随着国内经济形势的不断发展、人们生活水平的不断提高，特别是在如今社会中汽车数量的增加使得城市道路尘负荷量增大，不断提高扫路车清扫性能成为扫路车行业未来发展中重要的技术所在，对其进行研究和探索具有较高的社会关注度、科研价值以及相应的经济效益。

1.2 扫路车国内外研究现状概述

（1）国外扫路车研究现状。

自从 20 世纪 30 年代起，国外便开始批量生产扫路车，其中不管以销售规模划分还是以技术层次划分，以下几家公司的产品均居于世界扫路车水平前列，如英国 JOHNSTON、意大利 SCARAB、美国 ELGIN、意大利 DULEVO、加拿大 MADVAC、加拿大 ALLIANZ 和意大利 RAVO。

从国外不同公司生产的扫路车可以发现，其技术较为成熟，产品的性能更加优越，无论从清扫的效果还是从扫路车的节能上均比较领先。更为重要的是，国外产品的开发手段尤为先进，比如为了能够有效地对路面种类、地面上的颗粒物属性进行激光成像以此来调整扫路车扫刷、风机负压等的配合，实现具体垃圾具体分析、具体路况具体处理，有的甚至具有图像处理等先进配置。图 1-1 列出了部分国外扫路车产品的品牌及型号。图 1-1（b）的 ELGIN 公司将控制和信息化技术很好地融合在了扫路车上。该公司采用机电液一体化控制设计，通过使用微机和自动化控制技术实现了工况变化多、清扫介质多样化、环境适应性强等多种信息化控制技术，累计发明专利多达百余项。其中大部分均转化于实际生产中，真正实现了扫路车信息化。

(a) JOHNSTON-VT801　　　　　　(b) ELGIN-BROOM BEAR

(c) SCARABMISTRAL ROAD SWEEPER

图 1-1 国外部分扫路车品牌及产品型号

国外的一些扫路车产品将高压路面清洗、下水道吸粪除水等集合于扫路车产品上，并且可以根据用户对产品的需求进行相应的改进和专门定制。图 1-2 为 SCARAB 公司设计的扫路车。其为了满足不同的清扫效果，在后方可以加入除尘辅助模块，以便进一步提高道路作业的清除效率。这些技术属于模块化设计，需要对产品的设计有着深入的研究。

(a) SCARABMAGNUM

(b) SCARABMAGNUM PLUS

图 1-2 SCARAB 公司模块化设计产品

　　扫路车除尘性能作为衡量扫路车作业效果好坏的指标，一直被扫路车产品行业所关注。在扫路车除尘效率方面，国外的产品具有较大的优势，其主要体现在吸入结构的设计和重力沉降箱(集尘箱)的设计上。图1-3列举了几种除尘结构的布置方案。从结构布置上来说，这几款产品均有着显著的优势。图1-3(a)中垃圾等物的运输选用皮带输送，省去了离心风机和副发动机的空间位置，结构上比较紧凑。图1-3(b)选择了车头集尘。该种结构设计得较为巧妙，但是集尘量相对较少，适合于路面尘负荷较低的环境使用。图1-3(c)使用传统的风路构造，它的不同之处在于其将离心风机悬挂于扫路车的顶部，节省了长度方向上的距离，缩短了车长。

(a) 皮带传输集尘结构

(b) 车头内部集尘结构

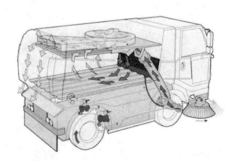

(c) 离心风机悬挂车顶式结构

图1-3　几种新式扫路车的内部清扫原理

　　随着生活区及商业街道的不断发展，紧凑型扫路车逐渐被大家所接受和购置。意大利的RAVO公司是最早的紧凑型扫路车发明和生产企业。早在50年前，该公司生产研发的紧凑型扫路车便已经上市，直到如今，该公司的紧凑型扫路车技术也属于世界领先行业之一。作为世界上最有名的扫路车企业——英国 JOHNSTON 也较早地进军紧凑型扫路车市场。早在 2010 年初，该公司便推出了一款强力冲击市场的紧凑型扫路车 CN101。该车较之前的产品实现了更小巧作业、更灵活操作。JOHNSTON 公司的紧凑型扫路车正在向"越来越小"逐步发展。图 1－4 为几款紧凑型扫路车。对比后发现，紧凑型扫路车的底盘较多，采用专用底盘。这种专用底盘更适合紧凑型的扫路车作业使用，同时兼备了美观、实用、可靠等优点，逐步成为国外扫路车行业中的主流车型。

(a)JOHNSTON CN101

(b)SCARABMINOR SWEEPERS

(c)DULEVO3000 REVOLUTION

(d)ELGINPELICAN

图 1－4　紧凑型扫路车

（2）国内扫路车研究现状。

自 20 世纪 60 年代起我国开始着手研制纯扫式扫路车。国内第一代扫路车产品（图 1－5），由于其作业方式带来较大的"二次扬尘"、可靠性低且操作不便等原因，很快便被市场淘汰掉。目前只有相对偏远城镇仍在采用此种扫路车。

2000 年开始国内扫路车市场呈现出势不可挡的发展态势，以中联重科、上海交大神州、烟台海德、福建龙马等公司为首的国内一线扫路车生产研发企业开始向世界扫路车行业进军。特别在近几年内，国内雾霾指数有所增加，大气

图 1-5　国内第一代扫路车

中颗粒物悬浮和交通扬尘物的污染物通过吸收消光及散射作用降低了能见度。其中部分有毒和致癌物质通过夹杂在悬浮的颗粒物中进行加工后，人体吸入便会产生心肺等功能障碍、皮肤色素沉积等，严重危害了国民的身心健康。颗粒物对身体造成的危害不但与颗粒物的组成成分、浓度等有着直接作用，而且还与其在空气中的滞留悬浮时间有关，因此更需要扫路车在工作时就能将尘粒吸拾干净，以免出现"二次污染"。

国内市场的扫路车型号及种类也层出不穷，按照作业方式可以分为三大类：纯扫式、纯吸式、吸扫式。其中纯扫式现在基本不再使用。目前随着市场的发展，混合动力型、纯电动型的扫路车也开始在国内市场出现，但是清扫方式依旧归结于上述的三种。图 1-6 为国内常用扫路车的种类。

(a) 交大神州 JDS 纯吸式扫路车

(b) 中联重科 ZLJ5164TSLE4

(c) 天津扫地王 TSW5072TSL

图 1 - 6　国内常见扫路车的种类

鉴于世界扫路车市场均向紧凑型发展，我国作为扫路车设计和制造的新兴国家也开始转向该类产品的研发和生产，因此国内的部分企业开始向紧凑型转型。紧凑型的扫路车具有更大的灵活性，不但适合于城市路面中狭小空间处的清扫，同时也适合于较大生活区、公共娱乐场所及小区物业的清扫。在 2008 年北京奥运会中我国的紧凑型扫路车也在奥运村中进行场馆和场区内部的清扫工作。紧凑型扫路车还有个更大的优点——绿色环保。紧凑型扫路车不需要较大的动力驱动，采用副发动机带动风机工作，采用燃料电池进行工作，这样不但排放环保且工作噪声较小。我国研发生产自主品牌的小型电动扫路车，其中以烟台海德和天津扫地王的产品销量较好。如图 1 - 7 为国内自主紧凑型扫路车。

(a) 烟台海德　　　　　　　　　　　　　　(b) 天津扫地王

(c) 爱瑞特

图 1-7　国内自主紧凑型扫路车

综合国内扫路车市场的产品相关介绍，对现有产品进行了国内部分扫路车厂家、型号、底盘型号、最大清扫宽度以及垃圾箱容积等产品信息、性能参数进行了汇总分析(如表 1.1)。由表 1.1 可以看出，目前国内市场的产品差异相对不是很大，用户可以根据自己的实际情况选取不同的产品，以实现不同的作业效果。

表 1.1　国内部分扫路车产品信息对比分析

生产厂家名称	产品型号	最大清扫宽度 /m	满载最大总质量 /kg	垃圾箱容积 /m³
中联重科环卫机械分公司	ZLJ5062TSLE3	3.00	5880	5.00
	ZLJ5063TSLE3	3.00	6400	5.00
	ZLJ5064TSLE3	2.70	6410	4.00
	ZLJ5065TSLE3	2.80	6380	4.50
	ZLJ5160TSLE3	3.50	16000	5.00
	ZLJ5163TSLE3	3.50	16000	8.00
	ZLJ5164TSLE3	3.50	16000	6.00

续表 1.1

生产厂家名称	产品型号	最大清扫宽度 /m	满载最大总质量 /kg	垃圾箱容积 /m³
福建龙马	FLM5050TSL	3.00	5280	—
	FLM5060TSL	3.00	6460	5.30
	FLM5062TSL	3.00	6480	—
	FLM5064TSL	3.00	6145	—
	FLM5080TSL	3.20	8280	5.30
	FLM5162TSL	3.50	16000	—
烟台海德	YHD5058TSL	3.00	5300	5.00
	YHD5060TSL	3.00	6436	5.00
	YHD5070TSL	3.00	7300	5.50
	YHD5165TSL	3.50	16000	8.00
天津扫地王专用汽车有限公司	TSW5064TSL	3.30	6436	3.50
	TSW5065TSL	3.20	6436	3.50
	TSW5151TSL	2.20	14900	6.20

注："—"表示对此信息不明确。

1.3　吸入端集尘系统国内外研究现状

1.3.1　单吸式除尘系统

扫路吸尘性能的关键在于吸入端除尘系统(亦称吸嘴)。其工作状态的优劣决定着扫路车整体作业性能。其按照作业方式可以分为两种：单吸式和气动循环式。其中，单吸式顾名思义就是由一个吸风口进行工作，颗粒等物均被系统中心的吸尘口吸入；气动循环式则是由两个风口组成，其中一个风口提供反吹风，将地面上的颗粒等物吹到吸尘口附近，最终由吸尘口统一吸入后传送到垃圾箱内。

目前，国外对扫路车除尘系统的研究性论文较少，其设计均是由企业内部自行设计研究，对结构的了解都是通过专利获得的。一般采取的设计方法均是凭借经验性设计和样机试验设计为主。图1-8为国外扫路车的吸嘴结构，图1-8(a)将两个单吸式并联起来，形成一个整体，以实现更宽的作业宽度；图1-8(b)是前挡板可调式，挡板有液压缸可实现升降控制，以便控制其入口的开口大小，实现不同吸尘功率的调节。

(a) 并联单吸式　　　　　　　　　　　　(b) 前挡板可调式

图1-8　国外扫路车吸嘴

国内的相关产品相对没有国外结构那么复杂，一般结构较为简单明了。单吸式扫路车的工作全部依靠离心风机工作时产生的负压将颗粒物等吸入垃圾箱内。国内各扫路车公司生产的单吸式扫路车可以归纳为如图1-9所示的两种结构。

图1-9(a)中对单吸式扫路车的组成部件分别进行标注。当扫路车工作时，位于扫路车两侧的盘扫将垃圾等扫到吸尘口附近，单吸式利用风机产生的强有力负压带动颗粒物等进入。由于该种结构作业宽度较小，且单纯依靠负压的吸力进行吸尘工作，吸尘性能相对较低，因此现在使用得较少。

图1-9(b)为内部包含滚扫式，其特点在于系统的内部增加了由液压马达控制转速和转向的滚扫。当扫路车工作时，滚扫逆向旋转以便将地面上的颗粒物扫起，同时配合离心风机产生的负压将颗粒物等送入垃圾箱内。

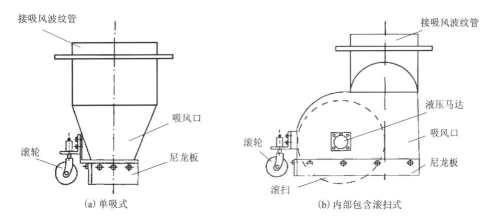

(a) 单吸式　　　　　　　　　　　　　　(b) 内部包含滚扫式

图 1-9　国内单吸式扫路车吸嘴结构

1.3.2　气动循环除尘系统

气动循环除尘系统作为新生代产品,近几年正在逐步占领吸扫式扫路车的市场。对比分析国外的气动循环除尘系统产品和发明专利可以发现,气动循环除尘系统的结构相对单一,基本都是一个工作模式,不同的是内部流场设计。图 1-10(a)、(b)所示为国外现用轻、重型扫路车气动循环除尘系统。

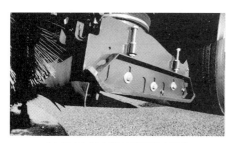

(a) 轻型扫路车气动循环除尘系统　　　　　(b) 重型扫路车气动循环除尘系统

图 1-10　国外气动循环除尘系统

对国内具有气动循环除尘系统的扫路车进行市场调研和专利等的筛选,可以将国内的气动循环除尘系统归结为图 1-11 的四种结构。

图 1-11(a)是直吹式。该结构的反吹口送入风量后未经过任何的风向改

变直接被吹到地上，因此直吹式一般离地高度较低，以免出现反吹风时将颗粒物吹出，造成不必要的二次污染现象。该类产品一般配置在小型扫路车作业使用，且需要工作环境较为洁净。

图1-11(b)是单侧反吹式。该结构虽然比直吹式有了一定的改变，将进入的垂直方向的风调整为横风，在效果上有一定的提高，但是不明显，一般常配置在中小型扫路车上。

图1-11(c)是后侧反吹式。该结构在单侧反吹式的基础上做了调整，隔板将反吹风从系统的后侧吹出，主要避免了后侧漏尘现象的发生，从一定意义上讲较好地控制了漏尘现象，但是该结构极易导致右侧吸力不足的现象发生。

图1-11(d)是气动循环式。该结构避免了以上三种结构的缺陷，由于分腔隔板使气流由后侧和左侧同时吹出，较好地控制了漏尘现象，吸尘效率较高，因此现在扫路车常配置此种结构。此种结构也是本书的研究对象，下文出现均称其为气动循环除尘系统。

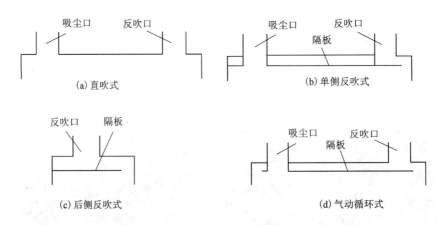

图1-11　常见吸吹混合吸嘴结构示意图

1.4　本章小结

吸入端集尘系统作为扫路车吸尘性能的关键，其工作性能的优劣对于扫路车作业性能来说尤为重要，起着举足轻重的作用，特别是我国较为广泛使用的气动循环除尘系统更应该引起学者的重视。基于流体动力学及计算流体力学

（CFD）方法对吸扫式扫路车的气动循环除尘系统进行了深入的研究，分析探索仿真分析中气动循环除尘系统扩展区的结构尺寸及相关结构参数影响阈值的计算和选取方法。基于气固两相耦合分析、均匀设计法和多元回归分析法试图建立结构参数和运行参数对气动循环除尘系统除尘效率的回归方程。希望通过此方法弥补国内外对气动循环除尘系统研究的不足，最终指导工程实际中气动循环除尘系统的结构和运行参数优化设计。

第2章

气动循环除尘系统 CFD 模型构建及数值模拟方法研究

2.1 气动循环除尘系统物理和数学模型构建

气动循环除尘系统结构示意图如图 2 - 1 所示，CFD 仿真分析中需要提取物理模型的流道模型，通过流道模型进行三维数值模拟仿真分析。由于钢板厚度为 3~5 mm，相对于模型的尺寸来说可以忽略不计，因此流道提取后消除板厚尺寸。流道模型带上扩展区的结构如图 2 - 2 所示。

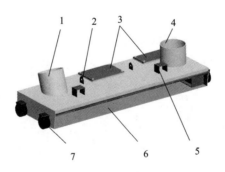

图 2 - 1　气动循环除尘系统结构示意图

1—吸尘口；2—吊耳；3—清灰盖板；4—反吹口；5—座板；6—前挡板；7—支撑轮

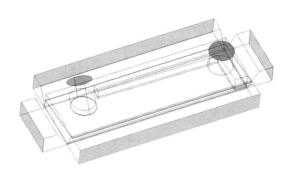

图 2 - 2　流道示意图

气动循环除尘系统流道参数如表 2.1 所示，其中，扩展区长度为 $l_f = l_b = l_l = l_r = 210$ mm，扩展区倾角为 $\theta_f = \theta_b = \theta_l = \theta_r = 55°$。

表 2.1　气动循环除尘系统流道参数

长度 L/mm	宽度 B/mm	厚 H/mm	前挡板角度 α/mm	吸尘口倾角 β/(°)	吸尘口直径 D_1/mm	吸尘口直径 D_2/mm
1400	450	130	10	120	170	170

气动循环除尘系统内部的气流流动为不可压缩流体，由于在工作时内部气流的流动形态比较复杂，流动的状态为湍流形式，但并不属于强旋流。气动循环除尘系统工作时，其吸尘的方式便是负压作用带动空气的流动，地面上的颗粒物被气流卷入，实现颗粒物的"气力输送"。因此，内部为气固两相流动。计算此类问题时选用多相流中的欧拉 - 拉格朗日模型，颗粒作为离散相，选用 DPM（discrete phase model）模型。

2.2　网格数量无关性分析

对于数值计算来说，网格独立的解是其基本要求，因此网格的划分方法和网格密度无关解是 CFD 分析所需要的。控制容积积分法所获得的离散方程的数值解会与真实解存在一点偏差，而此偏差的来源就是离散误差，其大小受到离散方程的截断误差影响。一般来说，相同网格步长的截断误差阶数提高会使得离散误差降低，两者反比例存在。对于同种方式的离散方法来说，加密网格会使得离散误差有所降低，所以，在工程实际计算中往往通过加密网格来实现计算精度的要求。但是伴随着计算机舍入误差和计算机处理速度的局限性，网格的加密不能忽略计算机的计算限制，因此对网格的加密应该满足这样的要求：进一步细画网格后，在工程允许误差范围内，计算的精度几乎不再改变，此时数值的解即为网格独立解，其为数值模拟计算的根本要求。

对模型的几何模型进行网格处理时，网格的生成需要反复调试，这是一个反反复复的过程，只有如此才能获得适合计算的最佳网格模型。网格的数量对 CFD 模拟计算过程与计算结果影响很大。相关研究表明，模拟计算结果与真实值之间的误差主要来源于以下几个方面。

（1）理想化误差：将物理模型理想化后所引入的与真实情况之间的差异。例如将体系设置为定常流态或非定常流态，考虑黏性或不考虑黏性等。

（2）迭代误差：迭代计算形成的误差或因离散后所选择的方程组求解方法带来的误差。

（3）离散误差：包括求解区域的离散误差与差分方程的截断误差。

（4）舍入误差：由于计算机有限位存储特性所产生记录误差。

网格划分数量越多计算精度越高，但同时伴随着更大的舍入误差、更大的工作量，仿真分析效率更低，因此不能通过无限增大网格数量的方法来提高模拟仿真的计算精度。在一定程度下持续增大网格数量对进一步提高计算精度意义不大，特别是对于工作量巨大的系统性分析。因此选用适当的网格数量进行计算，进而在离散误差、舍入误差、计算时间之间寻求平衡，对于提高研究工作效率至关重要。

网格划分过程中主要考虑两个方面的问题，其一，网格数量、大小对计算精度的影响，亦称网格收敛性；其二，需要考虑计算机对网格求解过程的时间，即计算经济性。正如上文所提，划分网格的重要原则就是网格进一步加密后，网格数量、大小对计算的结果并未造成任何影响，此时的数值解就是网格独立解，亦称为 grid – independent solution，可以通过式（2 – 1）表达如下：

$$\left.\frac{\partial \varphi}{\partial x}\right|_{(i,\, n)} \cong \frac{\varphi_{i+1}^{n} - \varphi_{i}^{n}}{\Delta x} \qquad (2-1)$$

式(2-1)为一阶精度的差分表达式,截断误差与 x 正相关,x 表示网格某一个方向上的长度,因此可知,网格较小计算精度较高。结合所研究的物理模型,应用 ICEM-CFD(the integrated computer engineering and manufacturing code for computational fluid dynamics)软件对其进行网格划分。网格的划分分别采用了非结构和结构划分两种,如图 2-3 所示。对比两种网格的划分方法与实验测得的结果,选择最为合适的网格处理方法。

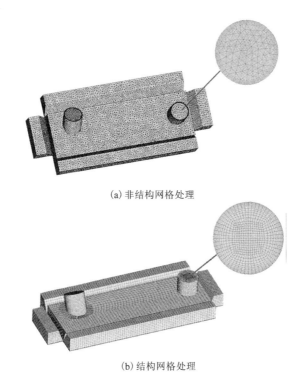

(a)非结构网格处理

(b)结构网格处理

图 2-3　气动循环除尘系统网格处理方式

结构网格的主要形式为正方形和六面体,具有良好的稳定性和收敛性,但是对于复杂的物理模型需要对其进行分块处理。非结构网格的主要形式为三角形和四面体,其单元布置与节点的分布均不规则,但是非结构网格对复杂的边界问题和复杂模型结构能够实现较高的拓扑效果,其缺点是计算时易出现发散现象。

本模型对比了结构和非结构网格的计算结果、网格数量及计算收敛性,对比发现：

（1）吸尘口出口的流量为目标对比值，结构网格和非结构网格均可达到相对误差低于5%。

（2）从网格数量来说，计算的出口流量均达到最大稳定值时，结构网格划分的网格数量要比非结构网格数量小。

（3）结构网格收敛性要好于非结构网格，且收敛速度较快，计算时间较短。

综合上述原因，选用结构网格对流道模型进行离散计算，由于气动循环除尘系统结构较为复杂，通过将原结构划分为几个子区域后再进行结构网格划分，最终网格独立性曲线如图2-4所示。

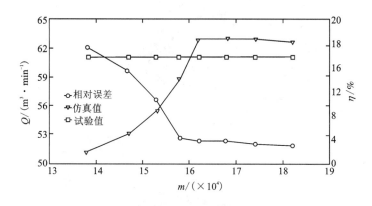

图2-4　网格独立性分析

由图2-4可知，网格数量的增加，吸尘口出口流量仿真值逐渐上升，当网格数量达到16万多以后趋于收敛状态，仿真分析值略大于实际试验值，其原因在于仿真分析时模型处在理想状态下，不存在漏风等流量损失的现象；同时相对误差也随着网格数量的增加而逐步降低，最终达到稳定。综合考虑到计算结构精度和计算机的处理能力，网格数量选择162874个，此时吸尘口出口流量趋于稳定，仿真数据和试验结果相对误差仅为3.12%。

2.3　气动循环除尘系统近壁面区域处理及其对计算结果影响

2.3.1　气动循环除尘系统近壁面区域流体流动特性分析

在 CFD 模拟仿真中，有效处理好流体与固体壁面相接触处的流场是求解高精度结果的一个重要问题，更换壁面的处理方法对计算结果有着较大的影响。FLUENT 中湍流模型如 $k-\varepsilon$ 湍流模型、RNG $k-\varepsilon$ 湍流模型都是对流体充分发展区域进行有效的预测和计算，即该模型针对的是高雷诺数的湍流模型。但是对于在近壁面处的流动，由于其雷诺数较小且该处的湍流发展并未充分，而且此处分子黏性对流体的影响要大于湍流的脉动影响，这就使得该区域的计算不能再用 $k-\varepsilon$ 湍流模型对其进行计算和模拟，需采用非常规的处理方法。

大量的文献和试验研究表明，固体壁面处流体的湍流流动在充分发展后沿着壁面的法线方向上按照距离可大致分为两个区域：壁面区和核心区。核心区为流体充分发展后的区域，属于完全湍流区域。在近壁面区，流体的属性使得其受壁面影响较大，根据研究发现，此处区域又可以分为三层，其中第一层为黏性底层，第二层为过渡层，第三层为对数律层。近壁面区域子层划分如图 2 - 5 所示。

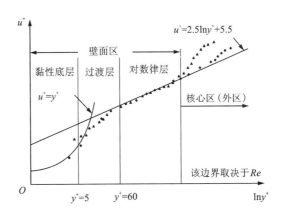

图 2 - 5　近壁面区域子层划分

　　黏性底层为壁面区中的第一层,其与固体壁面紧贴,该层动量、质量等数据交互中黏性力起着主要作用。此层中可以忽略湍流的切应力,因此该层中流体的流动可以认为是层流。

　　过渡层位于壁面区的中间,该层动量、质量和热传导等数据交互中黏性力和湍流的切应力作用效果相当,导致该区域内流体的流动较为复杂,未能找到合适的经验公式和定律对其进行较准确的描述。过渡层的厚度相比其余两者来说较小,一般在工程实际计算中不对其进行特殊处理,将其划分到对数律层中较多。

　　对数律层处在壁面区的最后一层,由于其距离固体壁面最远,因此该区域内黏性力的影响极小,动量、质量和热传导等数据交互主要依靠湍流的切应力。流体的流动充分发展开,对数律成为流速描述的近似表达形式。

　　引入参数 u^+ 和 y^+,这两个参数为无量纲参数,其中,u^+ 表示速度,y^+ 表示距离。式(2-2)、(2-3)的作用是对壁面区中第一层黏性底层和第二层过渡层的流动进行公式描述,表达形式如下:

$$u^+ = \frac{u}{u_\tau} \tag{2-2}$$

$$y^+ = \frac{\Delta y \rho u_\tau}{\mu} = \frac{\Delta y}{v} \sqrt{\frac{\tau_w}{\rho}} \tag{2-3}$$

式中:u 为流体时均速度;u_τ 为壁面摩擦速度,且 $u_\tau = \sqrt{\tau_w/\rho}$,$\tau_w$ 为壁面切应力;Δy 为距离壁面的距离。

　　当 $y^+ < 5$ 时,流体处在壁面区的第一层,即黏性底层中,此时速度沿着固体壁面的法线方向呈现出线性分布,其表达式如下:

$$u^+ = y^+ \tag{2-4}$$

　　当 $60 < y^+ < 300$ 时,流体处在壁面区的第三层,即对数律层中,此时速度沿着固体壁面的法线方向呈现对数分布,其表达式如下:

$$u^+ = \frac{1}{k}\ln y^+ + B = \frac{1}{k}\ln(Ey^+) \tag{2-5}$$

式中:k 为卡门常数(Karman);B 和 E 为固体壁面表面粗糙度相关常数,如光滑的固体壁面中 $k = 0.4$、$B = 5.5$ 和 $E = 9.8$,其中,粗糙度常数 B 随着壁面粗糙度增加而下降。

　　上述例子中的子层划分区域的分界值 y^+ 均为近似值,文献[116]中将

$30 < y^+ < 500$ 规定为对数层，而文献 [115] 中忽略过渡层的影响，并将 $y^+ = 11.36$ 作为壁面区中对数律层和黏性底层的分界值。鉴于上述文献研究结果，一般对 y^+ 的控制范围可以归结为 $11.5 \sim 30 \leqslant y^+ \leqslant 200 \sim 400$，但对气动循环除尘系统的边界层 y^+ 的确定需要进行进一步研究。

2.3.2　气动循环除尘系统近壁面区域常用方法分析

根据上一节近壁面区域流体流动特点分析可知，FLUENT 中湍流模型如 $k - \varepsilon$ 湍流模型、RNG $k - \varepsilon$ 湍流模型等均是针对流体充分发展后的湍流进行预测和计算的。换言之，使用湍流模型的雷诺数均是高雷诺数模型，且只能求解图 2 - 6 中处于核心区域内的湍流流动。对于气动循环除尘系统这类模型的钢体壁面区域，气流流动情况变化较大，尤其在黏性底层中，气流的流动近似为层流，湍流的应力对该区域的作用不大，因此，$k - \varepsilon$ 等湍流模型在该区域内的预测性较差。

针对这一问题目前有两种解决方法。其一，不处理黏性底层，只对过渡层进行处理。因为这两层中黏性力影响相对较大。取而代之的方法是用一组半经验公式——壁面函数，利用壁面函数建立起固体壁面上的物理量和核心区域内湍流流动相对应的物理量的联系。其二，采用低雷诺数 $k - \varepsilon$ 模型求解黏性底层和过渡层。这种方法需要对壁面区域进行网格加密、加细处理，由于本模型较大，且内部流道结构较为复杂，若采用此法将导致网格数量较大，计算机求解较难。

标准壁面函数法采用半经验公式对壁面区的黏性底层和过渡层进行描述，通过此法使得湍流核心区的物理量与壁面上的相关物理量联系起来，实现流场方程的求解。壁面函数法的核心计算思路是，使用湍流模型对湍流区的核心区域进行求解计算，在壁面区不进行处理，采用半经验公式对壁面区的黏性底层和过渡层进行描述，以此来建立起湍流区和壁面区物理量的直接联系，得到壁面相邻处体积节点的变量值，该法不需要对网格壁面区域进行加密、加细处理，仅需要将第一个内节点布置在湍流核心区即可，如图 2 - 6 所示。

Fluent 内核程序中有四种壁面函数，包括 standard wall functions（标准壁面函数）、scalable wall functions（可缩比例壁面函数）、non - equilibrium wall functions（非平衡壁面函数）、enhanced wall functions（增强壁面函数）。模拟中常用标准壁面函数和可缩比例壁面函数，原因在于标准壁面函数仅需要将网格

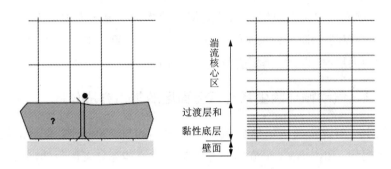

图 2 – 6　近壁面区域子层划分

的第一个内节点布置到对数律区域内即可, 对网格加密、加细要求不高, 但是该方法的缺点在于沿壁面法向方向细化网格时易导致数值模拟计算结果恶化, 当 $y^+ < 15$ 时, 壁面剪切应力及热传导方面产生无界错误。可缩比例壁面函数在 $y^+ < 15$ 时计算结果出现恶化现象, 且对网格要求不是很高。网格粗化处理如 $y^+ > 11$ 时, 该法与标准壁面函数法处理的结果一致性较高。本节主要研究标准壁面函数和可缩比例壁面函数对气动循环除尘系统流场计算精度及网格处理方法的影响。

(1)标准壁面函数半经验公式:

$$U^+ = \begin{cases} y^+, & y^+ < 11.25 \\ \dfrac{1}{k}\ln(Ey^+), & y^+ \geqslant 11.25 \end{cases} \qquad (2-6)$$

其中

$$U^+ = \frac{U_p C_\mu^{1/4} k_p^{1/2} \rho}{\tau_w} \qquad (2-7)$$

$$y^+ = \frac{\rho C_\mu^{1/4} k_p^{1/2} y_p}{\mu} \qquad (2-8)$$

式中: k 是卡门常数, 一般取值范围为 $0.4 \sim 0.42$; U^+ 是无因次速度; μ 是运动黏度; y^+ 是无因次距离; ρ 是流体的密度; U_p 是任意一点 P 点的平均速度; k_p 是 P 点的湍动能; y_p 是 P 点到壁面的距离; τ_w 是壁面剪切应力; C_μ 是平均速度的对数率, 当 y^+ 为 $30 \sim 60$ 时, 其最为有效。

标准壁面函数配合 $k - \varepsilon$ 湍流模型使用时, k 方程在流体的近壁面区域进行

求解计算,而在固体壁面上 k 满足下述条件:

$$\frac{\partial k}{\partial n} = 0 \qquad (2-9)$$

式中: n 为局部坐标,其垂直于壁面。

固体壁面相邻区域的控制体积中,湍流动能使得 k 方程源项产生 G_k 和 ε_p,按照局部平衡的假设对其进行计算。G_k 和 ε 按照下述公式计算:

$$G_k \approx \tau_w \frac{\partial u}{\partial y} = \tau_w \frac{\tau_w}{k\Delta y_p C_\mu^{1/4} k_P^{1/2} \rho} \qquad (2-10)$$

$$E_p = \frac{C_\mu^{3/4} k_P^{3/2}}{k\Delta y_P} \qquad (2-11)$$

(2)可缩比例壁面函数。

可缩比例壁面函数避免了 $y^+ < 11$ 时计算结果恶化的现象。可缩比例壁面函数可以对任意细化处理的网格求解效果较好,结果的输出较一致。$y^+ > 11$ 时,即使网格处理较粗也可以和标准壁面函数输出一致的结果。该功能的实现是在算法中加入了限制器。其公式表示如式(2-12)所示:

$$y^+ = \max(y^+, y^+\text{limit}) \qquad (2-12)$$

2.3.3　气动循环除尘系统近壁面区域壁面函数选取对计算结果的影响

基于上节两个模型处理中常用的壁面函数的数学模型处理方法,针对研究的气动循环除尘系统壁面函数的选取,通过对比两种壁面函数计算结果,选择最合适的壁面函数模型。图 2-7 为不同壁面函数计算结果对比的吸尘口截面压力云图。之所以选择吸尘口截面,因为在此类研究的论文中常常观测该截面的速度和压力场,尘粒等能否顺利地被吸入系统中,并将其输送到垃圾箱中,该处起着决定性作用,而且作为吸尘口,此处负压较高且流体流速较快,湍流的流动在此处较复杂。

图 2-7(a)为采用标准壁面函数法计算气动循环除尘系统内部流场的结果,从压力云图来看扩展区和气动循环除尘系统上部腔体的压力值较高,因为四周扩展区连接的是大气,上部腔体通过分腔挡板将内部腔体分为吸尘腔(下部腔体)和反吹腔(上部腔体),其中下部腔体处于负压区域,所以内部压力较低,吸尘口出口处压力达到最低,符合气体流动的流动规律,即气流由高压区

流向低压区。气动循环除尘系统近地面处与吸尘口中心线延长线交界处出现局部高压,此处局部高压由于速度较低,形成类似"人"字形吸尘效果,前后进气面在此"交汇",共同经由吸尘口进入垃圾箱内部,实现颗粒物的吸拾,即实现了除尘的效果。

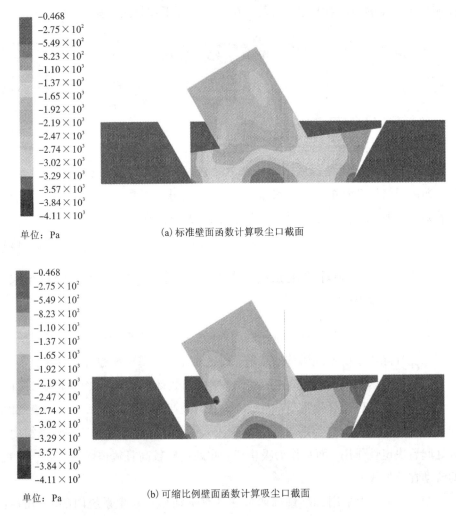

图 2 - 7　不同壁面函数计算结果对比(压力云图)

　　图 2 - 7(b)为采用可缩比例壁面函数法计算气动循环除尘系统内部流场的结果。为了便于观察两种不同壁面函数法处理的压力场效果差异,将两种方法

处理的云图设置为相同的区间范围，不采用默认设置的 Auto Range，即压力最小值为 -4.11×10^3 Pa，最大压力值为 -0.468 Pa。观察图 2-7(a)、(b)不难发现，采用这两种壁面函数所计算的气动循环除尘系统主流区域压力场大致一致，除了局部出现的压力不同外，如吸尘口管道与分腔挡板后部边缘出现压力局部低压等，其余大部分压力场分布相对较一致。从上述分析对比可以发现，壁面函数的选择对压力场分布影响不是很大。

图 2-8 为不同壁面函数计算结果对比的吸尘口截面速度云图，采用上述对比压力场的方法，将两种壁面函数的结果定义相同的速度区间，即速度最小值 0 m/s，速度最大值为 57.7 m/s。气动循环除尘系统外部扩展区的速度较小，远离系统主体位置的速度近似为 0 m/s，说明内部负压对其影响较小。随着距离的缩短，相比远处扩展区的流动速度，前后进风口缝隙处的流动速度逐步增大，受到内部负压的影响较明显。负压的产生带动周围气体流动，随着负压的不断降低（真空度不断提高），气流流动速度随着真空度的不断增加也随之增大，在吸尘口出口处达到最大值，以实现将颗粒和垃圾等物顺利地送入重力沉降系统（即垃圾箱）中。

压力云图中系统近地面处与吸尘口中心线延长线交界处出现局部高压是由底部低速区导致的。正如以上所述，前后进气面的速度在此处实现汇合，两处气流在此处相互作用，最终在吸尘口负压的作用下流入垃圾箱中。对比两种壁面函数算法的速度场可以看出，两种算法在效果上产生了一定的差异。可通过对比吸尘口出口处的流量来确定最终采用哪种壁面函数模型。

在 FLUENT 软件中对吸尘口出口处进行流量监测，流场稳定后两种壁面函数的计算结果和试验测得结果对比如表 2.2。根据相对误差公式[式(2-13)]计算出仿真和试验的相对误差，其中标准壁面函数计算得出的气动循环除尘系统出口流量为 56.8 m³/min 与试验测得值 61.2 m³/min 的相对误差为 7.19%，而采用可缩比例壁面函数计算的出口流量为 57.8 m³/min，相对误差为 5.56%，对比两种壁面函数求解出来的出口流量值发现，不同的壁面函数法对计算结果有一定的影响。

对于不同的壁面函数处理结果，可得出以下结论：①对于气动循环除尘系统来说，壁面函数的选取有一定的影响，模型的选取对结果的影响不容忽略。②对于模拟其工作的工程实际要求来说，如果精度要求不高两种壁面函数均可选取，但是为了求得高精度的结果，所研究的气动循环除尘系统应选取可缩比例壁面函数法,该方法计算精度较高,相对误差仅为 5.56%。

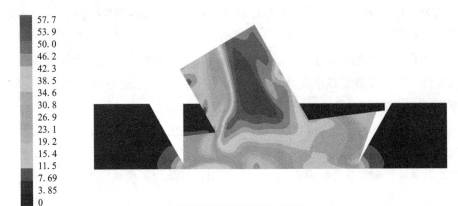

单位: m/s

(a) 标准壁面函数计算吸尘口截面

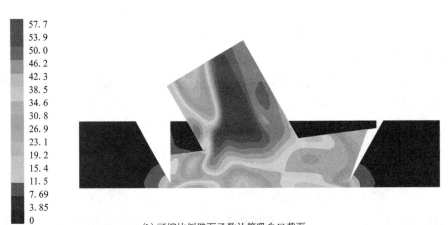

单位: m/s

(b) 可缩比例壁面函数计算吸尘口截面

图 2-8　不同壁面函数计算结果对比(速度云图)

表 2.2　不同壁面函数计算结果对比(速度云图)

壁面函数	仿真计算值 /(m³·min⁻¹)	试验测得值 /(m³·min⁻¹)	相对误差 /%
标准壁面函数	56.8	61.2	7.19%
可缩比例壁面函数	57.8	61.2	5.56%

相对误差计算公式如式(2 - 13)所示：

$$\Delta p = \left| \frac{p_s - p_t}{p_t} \right| \times 100\% \qquad (2 - 13)$$

式中：Δp 为相对误差；p_s 为模拟计算值；p_t 为试验测得值。

2.4 流场计算时边界条件的确定

流体模型的求解需要完成三方面的设置：控制方程、初始条件及边界条件，三因素的组合构成了一个物理模型工作状态的完整数学描述。初始条件是模型所研究的对象在过程开始时，求解变量之间相对的空间分布状况。对于瞬态研究问题，必须给出研究模型的初始条件，而对于稳态问题，不需要设置初始条件；边界条件是在流体求解域边界上所求的变量，同时也是其导数随着时间和地点变化的规律。边界条件设置对 CFD 模拟计算来说是重要步骤，其设置结果直接影响到流入或者流出需要计算流体域的流体状态。

气动循环除尘系统主要工作状况可以概括为：处于移动的工作状态，行驶速度为 5 km/h；吸尘口在负压的作用下将颗粒物吸入，吸尘口出口平均压力为 −2300 Pa；反吹口通过风机给出的流量对颗粒的吸拾进行吹风辅助，反吹口入口平均流量为 1871 m^3/h，即平均速度为 22.9 m/s；扩展区的设置为压力入口，标准大气压力。CFD 模型边界条件示意图如图 2 −9 所示。

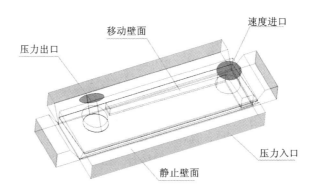

图 2 −9 CFD 模型边界条件示意图

由于尘粒的体积分数小于10%，因此可以采用离散型模型进行计算分析。工作时路面上颗粒的模拟根据 Bofu Wu 的路面颗粒粒径分布参数。粒径的分布包括区间分布和累计分布两种，其中累计分布现使用较为广泛。累计分布也叫积分分布，它表示小于或大于某粒径颗粒的质量分数，图 2 - 10(a)采用的是大于某粒径颗粒的质量分数。如图 2 - 10(a)中，60 μm 粒径的质量分数为 0.91，其物理意义为粒径大于它的颗粒占91%；图 2 - 10(b)中采用的是颗粒物直径区间分布柱状图，从柱状图中可以看出，路面上颗粒物的粒径主要集中在65 ~ 89 μm，其中65 ~ 76 μm 粒径的颗粒质量分数为38.10%，76 ~ 89μm 粒径的颗粒质量分数为 34.03%。

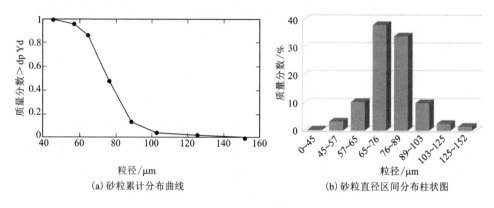

(a)砂粒累计分布曲线　　　　　(b)砂粒直径区间分布柱状图

图 2 - 10　路面颗粒物粒径分布

在利用流体力学软件 FLUENT 进行求解的过程中，为了获得精度较高的结果，流场求解域的离散采用有限体积法，求解器的设置为：求解流体的类型为不可压缩的空气(pressure - based)；时间响应为稳态求解(steady)；湍流模型选为 $k - \varepsilon$ 标准湍流模型。算法的选择为 SIMPLE(semi - implicit method for pressure linked equation)，即求解压力耦合方程的半隐方法；离散方法选择二阶迎风差分格式(second order upwind)，因为二阶迎风差分格式在一阶差分的基础上，结合了物理量在节点间分布曲线的曲率，具有二阶精度截差。

模型的边界条件设置具体如下：气动循环除尘系统吸尘口出口设置为压力出口(pressure out)，反吹口为速度入口(velocity in)，扩展区为压力入口(pressure in)，其余边界条件均为壁面(wall)。底部的壁面为无滑移壁面(static wall)，其余的壁面均为移动壁面(moving wall)，以模拟系统行驶作业。气动循环除尘系统模型设置参数见表 2.3。

表 2.3　模型设置参数

名称	流体相	名称	颗粒相
流体类型	空气	质量流速/(kg·s⁻¹)	0.5
压缩性	不可压缩	粒径分布	Rosin – Rammler
网格数量	162874	最小颗粒直径/μm	45
时间响应	稳态	最大颗粒直径/μm	152
湍流模型	$k-\varepsilon$	颗粒中位粒径/μm	81
入口边界条件	压力入口 速度入口	排列参数	5.95
出口边界条件	压力出口	恢复系数	法向值 0.95 切向值 0.85

2.5　气动循环除尘系统流场求解基本假设和模型验证

(1)基本假设。

为了简化气动循环除尘系统移动作业时吸尘的工作过程,建立仿真模型时主要注意以下几点:

①清扫作业的整个工作过程中,系统内的气体与外界气体无热量交换;

②系统内部气流为不可压缩、稳态流动,边界条件不随时间变化;

③前后左右分别加置了扩展区,且其进口压力值为标准大气压;

④作业时匀速前进,尘粒经由前进气面被吸入之前均处于静止状态。

(2)模型验证。

气动循环除尘系统以 5 km/h 作业时吸尘口截面的压力云图如图 2 – 11(a)所示。在吸尘口出口处出现了低压区域,主要是由于负压作用在此区域的关系,在系统内外压差的作用下,空气由高压区域流向低压区域。气动循环除尘系统前行作业时,颗粒物在反吹口气流的作用下被吹到了吸尘口一侧,最终颗粒物在吸尘口负压的作用下被吸起并最终传递到垃圾箱中。

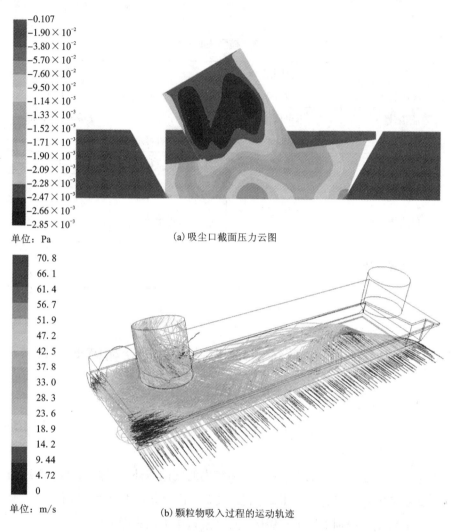

　　-0.107
　-1.90×10⁻²
　-3.80×10⁻²
　-5.70×10⁻²
　-7.60×10⁻²
　-9.50×10⁻²
　-1.14×10⁻³
　-1.33×10⁻³
　-1.52×10⁻³
　-1.71×10⁻³
　-1.90×10⁻³
　-2.09×10⁻³
　-2.28×10⁻³
　-2.47×10⁻³
　-2.66×10⁻³
　-2.85×10⁻³

单位：Pa

(a) 吸尘口截面压力云图

　70.8
　66.1
　61.4
　56.7
　51.9
　47.2
　42.5
　37.8
　33.0
　28.3
　23.6
　18.9
　14.2
　9.44
　4.72
　0

单位：m/s

(b) 颗粒物吸入过程的运动轨迹

图 2 – 11　吸尘口截面云图及尘粒吸入运动轨迹

　　设置气动循环除尘系统工作时的移动速度，即设置模型边界条件中系统流道模型底部面——移动壁面的速度值，对模型进行仿真分析。根据企业提供的试验测试位置，选取截面 $Y = 200$ mm，测试位置选在高度 $X = 20$ mm 处沿 Z 轴方向的 5 个测点。

　　提取其速度值，绘制成速度曲线，与企业方提供的试验数据进行对比分析,结果如图 2 - 12 所示。由仿真与试验对比图可以看出,在行驶速度为 5 km/h时,仿真值与试验值吻合度较好,仿真值略高于试验值,这主要是因为仿真的环境相对于实际工作状况来说较为理想、测试路面的路面积尘负荷程度不同以及试验用传感器精度等因素影响,根据相对误差公式(2 - 13),计算得出最大相对误差为 5.87%,最小相对误差为 1.12%,平均相对误差为 3.47%,因此可以确定模型的处理和算法的选择较合理。

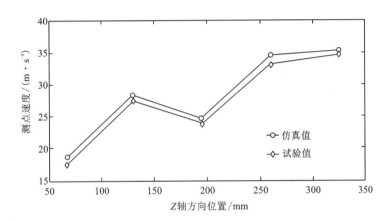

图 2 - 12　气动循环除尘系统仿真与试验性能对比

　　为了进一步说明模型选取的有效性,将 CFD 模拟计算的除尘效率与厂家在特定车速(7 km/h 和 12 km/h)下测得的结果进行了仿真对比。结合相对误差计算公式对仿真值和试验值进行对比计算,得出除尘效率的相对误差分别为 3.04% 和 7.23%,平均相对误差为 5.14%,满足除尘性能误差在 10% 以内的要求,再次说明 CFD 对气动循环除尘系统的模拟计算方法是可行的。

2.6　气动循环除尘系统吸入尘粒及大颗粒物的基本条件分析

2.6.1　微小尘粒的物理性质

清扫车在工作时,其主要针对的清扫目标为路面上的颗粒物。路面常见的颗粒物主要为泥土、砂砾、石块、铁矿粉、铝粉以及生活垃圾等。了解尘粒的性质和尘粒被吸拾过程中起动的机理对进一步优化清扫车起着重要作用。

（1）尘粒密度。

尘粒在自然堆积状态下，单位体积的质量称为容积密度。由于自然堆积状态下尘粒与尘粒之间是存在间隙的，因此把尘粒间无间隙状态下单位体积的质量称为真实密度。表2.4列出了部分灰尘、粉尘的密度。

表2.4　部分灰尘、粉尘密度　　　　　　　　　　　g/cm³

粉尘、灰尘种类	真密度	容积密度
煤粉、硝石	1.8～2.2	0.7～1.2
铝粉、石灰石、硅砂	2.3～2.8	0.5～1.6
铁粉、铜粉	6～9	2.5～3
水滴、灰尘	0.8～1.2	—

（2）尘粒当量直径计算及粒径分布。

对于球形尘粒，粒径就是其直径。对于非球形尘粒，可以通过当量直径对其进行表述，当量直径表达公式如式（2－14）所示：

$$d_e = (6V_p/\pi)^{1/3} \tag{2－14}$$

式中：d_e是当量直径，m；V_p是非球形尘粒的实际体积，m³。

各种粒径在整体混合尘粒中所占的份额情况被称作尘粒的粒径分布。粒径分布说明了清扫对象的成分，对除尘方法的应用有着指导意义。表2.5列出了路面几种常见的颗粒物粒径分布。

表2.5　几种常见的颗粒物粒径分布

粒径范围 d /μm	不同尘土的质量分数/%		
	黄土	河砂	水泥
0～75	51.2	13.6	71.3
75～150	9.9	16.4	24.4
150～375	23.8	70.0	4.3
375～735	15.1	0	0

2.6.2　尘粒起动理论及起动速度

路面上的尘粒群在气动循环除尘系统进气面周围负压气流剪切力的作用下,部分突出尘粒的平均风速会到达某一阈值,在风压脉动和湍动气流的作用下,突出的尘粒会产生摆动或振动现象,虽然开始"动"了起来,但是还处在原来的位置上。当风速继续增加后,尘粒的振动会逐渐加强并最终克服自身的重力实现滚动。

尘粒起动的过程呈现出一种非对称抛物线状的跃移轨迹。尘粒起动的过程如图 2 - 13 所示。从图 2 - 13(a)中可以看出,尘粒先按照从右侧到左侧的顺序在底层颗粒上运动,当尘粒将能量积攒足够后弹射到空气中,从而实现颗粒物的"拾取"。图 2 - 13(b)所示为尘粒弹射到空气中后的跃移轨迹,此时尘粒按照从左到右的顺序完成整个跃移轨迹,尘粒最后以较大速度碰撞到地面上的尘粒,从而实现颗粒的"撞击"。

(a) 尘粒碰撞后被弹起　　　　　　　(b) 尘粒跃移轨迹

图 2 - 13　尘粒起动过程

所谓尘粒的起动速度是指颗粒开始产生原地滚动或滑动现象时的最小气流速度。尘粒若想运动必须要使速度超过这一临界值,此临界值被称为尘粒的起动速度。

城市道路上常见的尘粒起动速度是评价系统气流速度设计好坏的重要评定标准。以下列举了常见路面尘粒的起动速度,其起动速度的条件为:尘粒被放置在直径为 1.2 m 的管道中且由水平方向的风力作为其起动风力。假设该尘粒的直径为 0.001 ~ 10 mm,尘粒的成分分别为砂石、煤粉、水泥、铁粉、铁片及铁矿石,它们的密度分别是 2560 kg/m³、1600 kg/m³、3150 kg/m³、7800 kg/m³、7800 kg/m³ 及 6000 kg/m³,其球形度分别是 0.6、0.696、0.696、0.696、0.5 及 0.63,尘粒在不同直径下的起动速度如图 2 - 14 所示。

从图 2 – 14 中可以看出，尘粒的粒径与起动速度间存在着一定的关系。当尘粒粒径小于 0.02 mm 时，几种尘粒的起动速度保持不变。产生上述现象的原因在于：直径小于 0.02 mm 的尘粒起动依靠尘粒间的黏性力（vanderwaals）和升力所决定，而黏性力仅和尘粒的直径以及尘粒与尘粒间的距离有关，即和间距的平方成反比例关系，与直径成正比例关系，因此此阶段的尘粒起动速度变化不大；尘粒直径为 0.02 ~ 0.1 mm 时，尘粒直径较大，尘粒与尘粒间的距离增大，黏性力减小，所以尘粒直径的增大使得起动速度降低；尘粒直径大于 0.1 mm 时，尘粒与尘粒间的黏性力变得较弱，此阶段尘粒的起动主要依靠自身重力和升力的作用，因此尘粒的直径较大则起动速度较高。结合起尘理论及图 2 – 14 尘粒的粒径与起动速度关系曲线可知，尘粒在近地面速度不低于 18 m/s 时即可顺利起动。

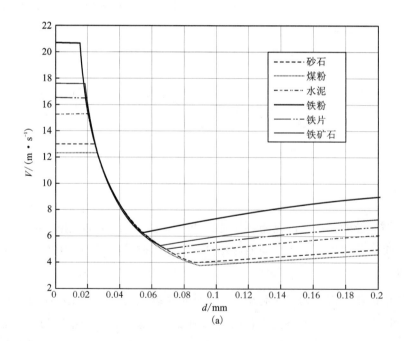

(a)

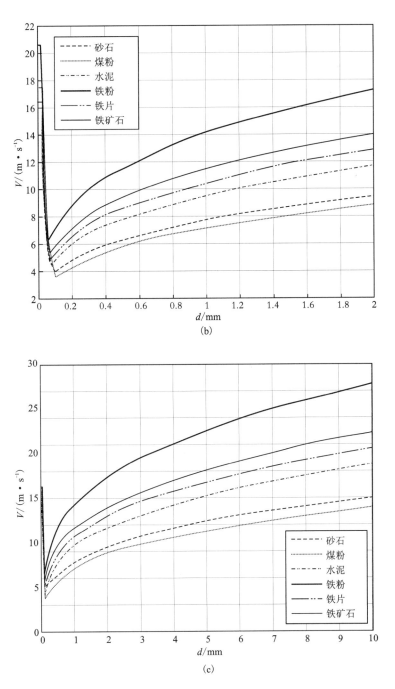

图 2 - 14　尘粒的粒径与起动速度关系曲线

2.6.3　大颗粒物粒径与起动速度

在上一节中，主要针对尘粒的性质进行了研究分析，对系统清扫的主要对象——尘粒，进行了深入了解，但是对于相对较大的颗粒物等未给出对应的粒径起动速度，因此对大颗粒物起动速度的研究也是有必要的。大颗粒物能否顺利起动及被吸起将直接影响扫路车对大颗粒物的吸拾效果。

结合 Bagnold 的计算得出的粒径与起动临界速度公式及朱伏龙试验，密度为 $1.94\ t/m^3$ 的砂粒粒径与启动速度关系如图 2 - 15 所示，计算公式为：

$$u_t = A\sqrt{\frac{\rho_s - \rho}{\rho}gd} \tag{2-15}$$

式中：u_t 为临界速度；A 为经验系数；ρ_s 为颗粒密度；d 为颗粒粒径；ρ 为气体密度。

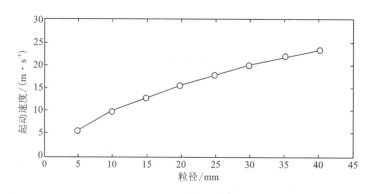

图 2 - 15　砂粒粒径与起动速度关系

2.7　本章小结

本章首先介绍了气动循环除尘系统 CFD 流道模型的构建及内部流场求解的物理和数学模型，并对计算流场进行了非结构和结构网格的离散化对比处理，得出了壁面函数的选取对内部流场计算结果的影响；其次在此基础上介绍了流场的数值计算方法，并结合实验结果对其进行了初步的计算验证；最后讨论了固相中的尘粒及大颗物粒被气动循环除尘系统吸拾的条件，得出了尘粒及大粒径物体的启动速度关系线图。结果如下：

（1）非结构网格和结构网格对本模型的影响不是很大，但是考虑到网格数量及计算收敛速度等因素，将原结构划分为几个子区域后进行结构网格划分，经过网格独立性分析后最终确定网格数量为 16 万多。

（2）壁面函数的选取对内部流场的计算精度有一定的影响，以吸尘口出口处的流量作为模拟仿真对比，标准壁面函数法的相对误差为 7.19%，可缩比例壁面函数法的相对误差仅为 5.56%。

（3）结合尘粒模型对气动循环除尘系统的原始模型进行了模拟计算，确定了数值模拟参数及算法设置的合理性，对比企业提供实验结果得出最大相对误差为 5.87%，最小相对误差为 1.12%，平均相对误差为 3.47%，确定了模型处理、参数设置及算法选取的正确性。

（4）根据尘粒的直径分布，确定了路面常见微小尘粒的有效起动速度为 18 m/s，而大粒径物体的起动速度随着当量直径的增大而提高。

第3章

颗粒多物理属性除尘性能回归模型构建的CFD分析

3.1　颗粒多物理属性数值试验设计

（1）均匀设计方法。

均匀优化设计方法是由中国科学院应用数学研究所方开泰教授和王元教授于1978年共同提出的，属于数论方法中"伪蒙特卡罗方法"的应用。对于较多难以用数学模型对其进行表达的实际工程问题，尤其对非线性复杂情况下的数学模型建立能起到较好的预测。其主要特征总结如下：

①相同的试验数下，均匀设计比正交设计具有较好的均匀性，特别是模型相对较为复杂时，对于非线性模型能够较好地进行数学估计，同时对于线性模型能实现较少的试验次数。

②当均匀设计的水平数相同或者偏差较为相近时，均匀设计在试验数目上有很大优势。相关研究结果表明，若均匀性的度量采用偏差，均匀设计在试验数目上至少可以节省60%。

③由于均匀设计不考虑"数据整齐可比性"，而考虑试验点的"均衡分散"，因此对结果的处理采用多元回归分析、最优化等数学方法处理。

（2）均匀设计方法基本流程。

均匀设计（uniform design）主要包括5个方面，其基本流程如图3-1所示。

①试验指标的确定。

图 3 - 1 均匀设计方法基本流程

试验指标是指衡量试验效果的特征量，即试验结果，常常表示为 y。通常在试验设计中将其设定为质量或者目标特性，本节将气动循环除尘系统前进风口的平均风速视为评定效果的唯一试验指标。

在本研究中，评价颗粒回收性能的指标较多，考虑研究范围为粉尘颗粒，最终选取表征直观的物理量颗粒回收率 $y(\%)$ 作为试验指标。颗粒回收率 $y(\%)$ 可由 ANSYS FLUENT 仿真计算得到，计算公式如式（3 - 1）所示：

$$y = \frac{P_2}{P_1} \times 100\%$$

（3 - 1）

式中：P_1 是由扩展区前端面注入的总颗粒数；P_2 是模拟出的吸尘口收集的颗粒数。

②试验因素及水平确定。

结合相关经验、专业知识以及根据实际工程情况所需要改变的参数，对其进行单因素分析，筛选出对试验指标有影响的因素来展开试验。

结合研究目的及除尘场景，本研究取气动循环除尘系统的系统压降 $x_1(\text{kPa})$ 作为运行参数变量，取颗粒物粒径 $x_2(\text{mm})$ 和表观密度 $x_3(\text{g/cm}^3)$ 作为粉尘颗粒物理属性变量。根据实际情况，本研究各因素选择 3 水平进行试验设计。

③均匀设计表的选择。

选用均匀设计表在基本流程中较为关键，选择的标准为研究的因素数以及试验次数。

均匀设计表的选取需要考虑回归方程中回归系数 β_i 的个数，只考虑两阶交互作用，回归系数个数共有：

$$m = 1 + k + k + \frac{k(k - 1)}{2}$$

（3 - 2）

式中：k 是均匀试验设计所选的因素个数。为获得较好的回归效果，通常应使回归方程总数 m 不大于试验安排次数 n。即：

$$m \leqslant n \tag{3-3}$$

本研究中因素个数 $k = 3$，则 $m = 10$，选取 $U_{12}(3^3)$ 均匀设计表作为试验安排依据，如表 3.1 所示。试验安排次数 $n = 12$，每行含义为特定试验编号下各因素所对应的水平等级组合。

④试验方案编制。

结合均匀设计表，按照因素和水平分别在各自的位置对应地形成完整的均匀设计方案。试验及仿真过程中，严格按照因素及组合的分配进行试验及仿真，试验的条件及模型的仿真条件应尽量实现一致性。

⑤结果处理与分析。

由于均匀设计不像正交试验那样具有整齐可比性，因此结果的处理必须要采用多元回归分析法。若选取的各个因素 $(x_1, x_2, \cdots, x_i)$ 与试验指标 y 间存在线性关系，则回归方程可以表示如下：

$$y = \beta_0 + \beta_1 x_1 + \beta_2 x_2 + \cdots + \beta_i x_i \tag{3-4}$$

若选取的各个因素与试验指标间存在非线性关系，则回归方程可以表示如下：

$$y = \beta_0 + \sum_{i=1}^{k} \beta_i x_i + \sum_{i=1, j=1, i \neq j}^{T} \beta_T x_i x_j + \sum_{i=1}^{k} \beta_i x_i^2 \tag{3-5}$$

式中：$T = \dfrac{k(k-1)}{2}$；$x_i x_j$ 是因素间的交互作用；x_i^2 是平方项的影响。一般交互作用只考虑两两间的交互，因为大量实践表明高阶的交互作用往往影响较小，有的甚至不存在。同样，因素的高次方项一般均为 2 次就可以。

表 3.1　$U_{12}(3^3)$ 均匀设计表

试验编号	系统压降 x_1/kPa	颗粒粒径 $x_2/\mu\text{m}$	表观密度 $x_3/(\text{g} \cdot \text{cm}^{-3})$
1	1	1	2
2	1	2	1
3	1	2	3
4	1	3	2

续表 3.1

试验编号	系统压降 x_1/kPa	颗粒粒径 x_2/μm	表观密度 x_3/(g·cm^{-3})
5	2	1	1
6	2	1	3
7	2	3	1
8	2	3	3
9	3	1	2
10	3	2	1
11	3	2	3
12	3	3	2

（3）试验方案安排。

根据 $U_{12}(3^3)$ 均匀设计表，对运行参数［系统压降 x_1（kPa）］和粉尘颗粒物理属性参数［颗粒粒径 x_2（μm）和表观密度 x_3（g/cm^3）］进行试验安排。结合实际应用，气动循环除尘系统压降合理范围为 1.4～2.6 kPa，粉尘颗粒粒径范围为 70～130 μm，表观密度范围为 0.7～1.1 g/cm^3。据此，确定因素水平并安排试验如表 3.2 所示。

表 3.2　试验安排表

试验编号	系统压降 x_1/kPa	颗粒粒径 x_2/μm	表观密度 x_3/(g·cm^{-3})
1	1.6	80	0.9
2	1.6	100	0.8
3	1.6	100	1.0
4	1.6	120	0.9
5	2.0	80	0.8
6	2.0	80	1.0
7	2.0	120	0.8
8	2.0	120	1.0
9	2.4	80	0.9

续表 3.2

试验编号	系统压降 x_1/kPa	颗粒粒径 x_2/μm	表观密度 x_3/(g·cm^{-3})
10	2.4	100	0.8
11	2.4	100	1.0
12	2.4	120	0.9

3.2　颗粒轨迹数值求解结果与分析

以吸尘口真空度为 1.6 kPa、颗粒粒径为 80 μm、颗粒表观密度为 0.9 g/cm^3（即第 1 组试验情景）为例对气动循环系统的除尘情况进行 CFD 模拟。在 DPM 模型中插入离散相（discrete phase），将离散相来源设置为 Surface，并选定为扩展区前端面；颗粒材料设置为 Anthracite，粒径分布设置为均一分布，直径设置为 8×10^{-5} m，密度设置为 900 g/cm^3。选择迭代步数为 600 步，迭代结果收敛。颗粒速度、压力分布如图 3 – 2 和图 3 – 3 所示。

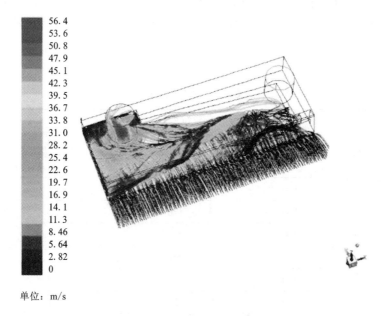

单位：m/s

图 3 – 2　颗粒速度分布图

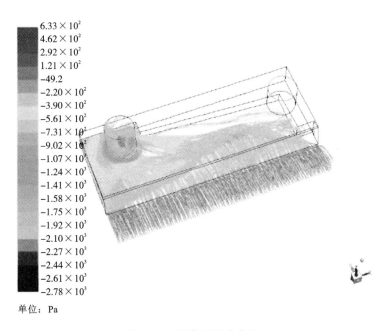

单位：Pa

图 3 - 3　颗粒压强分布图

由图 3 - 2 和图 3 - 3 分析可得：颗粒在由扩展区前端面释放瞬间无初速度，在内部受反吹气流作用，颗粒被集中到除尘口附近，在除尘口负压的作用下，颗粒被吸上并收集到下一级除尘装置。根据边界设置情况，颗粒在与除尘口边界碰撞后的行为为"Trap"（捕捉），在其他非壁面边界碰撞后的行为为"Escape"（逃逸）。因此，可以通过研究单个颗粒运动情况进而探究未被捕捉粒子的行为。逃逸颗粒的运动轨迹如图 3 - 4 所示。

逃逸颗粒主要来自扩展区远离吸尘口一侧，在这一区域的颗粒受反吹气流扰动程度较弱，且距离除尘口较远。在颗粒受压差作用向除尘口逐渐靠拢的过程中，颗粒在吸嘴内部逐渐积累了较高速度，使得颗粒在碰撞到壁面后产生高速反弹，从其他扩展区逃出体系。另外，受惯性作用，高速颗粒在除尘口附近时难以被吸出，这也使颗粒产生更多路径上的可能性，增加了颗粒逃出体系的概率。

在第 1 组试验中，扩展区前端面注入的总颗粒数 $P_1 = 1620$，经 FLUENT 模拟，在吸尘口共计捕捉颗粒 $P_2 = 1230$。由式（3 - 1）计算，在第 1 组试验条件

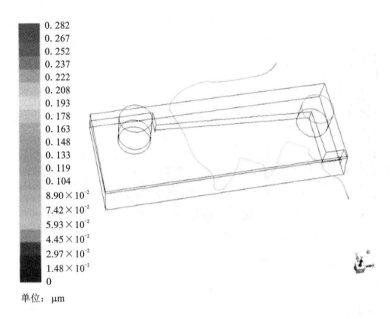

单位：μm

图 3 - 4   逃逸颗粒路径示例

下，颗粒回收率计算结果为：

$$y = \frac{P_2}{P_1} = \frac{1230}{1620} \times 100\% = 75.926\% \qquad (3-6)$$

同理，可计算出其余 11 组试验气动循环除尘系统颗粒回收率，如表 3.3 所示。

表 3.3   颗粒捕捉结果及颗粒回收率

试验编号	捕捉颗粒数 P_2	总颗粒数 P_1	颗粒回收率 $y/\%$
1	1248	1620	77.03
2	1277	1620	78.84
3	1258	1620	77.63
4	1304	1620	80.51
5	1370	1620	84.59
6	1359	1620	83.91
7	1453	1620	89.68
8	1416	1620	87.44
9	1501	1620	92.63
10	1553	1620	95.89
11	1540	1620	95.04
12	1597	1620	98.59

由此，得出用于进行回归方程构建的数据表，如表 3.4 所示。

表 3.4　回归分析数据表

试验编号	系统压降 x_1/kPa	颗粒粒径 x_2/μm	表观密度 x_3/(g·cm^{-3})	颗粒回收率/%
1	1.6	80	0.9	77.026
2	1.6	100	0.8	78.840
3	1.6	100	1.0	77.630
4	1.6	120	0.9	80.506
5	2.0	80	0.8	84.586
6	2.0	80	1.0	83.909
7	2.0	120	0.8	89.679
8	2.0	120	1.0	87.438
9	2.4	80	0.9	92.630
10	2.4	100	0.8	95.889
11	2.4	100	1.0	95.037
12	2.4	120	0.9	98.593

3.3　基于多元回归分析法的模型构建和分析

大量试验表明因素间高阶的交互作用对试验指标的影响作用较小，故在讨论因素间交互作用时仅考虑二阶（两因素之间）交互作用。由此，y 与 x_i 之间的回归关系具有确定的形式。为方便表达，先将数据进行整理得到统计数据，整理方法如下：

令

$$z_1 = x_1 、 z_2 = x_2 、 z_3 = x_3 、 z_4 = x_1^2 、 z_5 = x_2^2 、 z_6 = x_3^2 、 z_7 = x_1 x_2 、 z_8 = x_1 x_3 、 z_9 = x_2 x_3$$

$$(3-7)$$

依据上式形式可整理出九元线性回归方程，如式（3-8）所示：

$$y = b_0 + \sum_{j=1}^{9} b_i z_j \qquad (3-8)$$

由此可知，仅需计算得出 $b_i (i = 0, 1, \cdots, 9)$，即完成了目标回归模型的构建。

3.3.1　多元回归方程构建

为方便 MATLAB 运算，构建 12×9 矩阵 $\boldsymbol{Z} = [Z_1, Z_2, \cdots, Z_9]$。其中，列向量表示为 $\boldsymbol{Z}_j = [z_{1,j}, \cdots, z_{12,j}]^T$，列向量中元素 $z_{i,j}$ 含义是第 j 个统计量在第 i 组试验中的数据。矩阵 $\boldsymbol{Z}$ 的表达式如式（3−9）所示。本节 MATLAB 程序见附录 A。

$$\boldsymbol{Z} = \begin{bmatrix} 1.6 & 80 & 0.9 & 2.56 & 6400 & 0.81 & 128 & 1.44 & 72 \\ 1.6 & 100 & 0.8 & 2.56 & 10000 & 0.64 & 160 & 1.28 & 80 \\ 1.6 & 100 & 1.0 & 2.56 & 10000 & 1.00 & 160 & 1.60 & 100 \\ 1.6 & 120 & 0.9 & 2.56 & 14400 & 0.81 & 192 & 1.44 & 108 \\ 2.0 & 80 & 0.8 & 4.00 & 6400 & 0.64 & 160 & 1.60 & 64 \\ 2.0 & 80 & 1.0 & 4.00 & 6400 & 1.00 & 160 & 2.00 & 80 \\ 2.0 & 120 & 0.8 & 4.00 & 14400 & 0.64 & 240 & 1.60 & 96 \\ 2.0 & 120 & 1.0 & 4.00 & 14400 & 1.00 & 240 & 2.00 & 120 \\ 2.4 & 80 & 0.9 & 5.76 & 6400 & 0.81 & 192 & 2.16 & 72 \\ 2.4 & 100 & 0.8 & 5.76 & 10000 & 0.64 & 240 & 1.92 & 80 \\ 2.4 & 100 & 1.0 & 5.76 & 10000 & 1.00 & 240 & 2.40 & 100 \\ 2.4 & 120 & 0.9 & 5.76 & 14400 & 0.81 & 288 & 2.16 & 108 \end{bmatrix} \quad (3-9)$$

按式（3−10）计算各统计量均值：

$$\overline{Z}_j = \frac{1}{12} \sum_{i=1}^{12} z_{i,j} \quad (3-10)$$

MATLAB 计算结果以向量形式表达，如式（3−11）所示：

$$\overline{Z} = [2.0 \quad 1100 \quad 0.9 \quad 4.10667 \quad 10266.7 \quad 0.81667 \quad 200 \quad 1.80 \quad 90] \quad (3-11)$$

按式（3−12）计算 SP_{jk}：

$$SP_{jk} = \sum_{i=1}^{12} (z_{i,j} - \overline{Z}_j)(z_{i,k} - \overline{Z}_k) \quad (j \text{、} k = 1, 2, \cdots, 9) \quad (3-12)$$

MATLAB 计算结果以矩阵形式表达，如式（3−13）所示：

$$SP_z = \begin{bmatrix} 1.28 & 0 & 0 & 5.12 & 0 & 0 & 128 & 1.15 & 0 \\ 0 & 3200 & 0 & 0 & 64 \times 10^5 & 0 & 6400 & 0 & 2880 \\ 0 & 0 & 0.08 & 0 & 0 & 0.144 & 0 & 0.16 & 8 \\ 5.12 & 0 & 0 & 20.548 & -85.33 & -0.002 & 512 & 4.608 & 0 \\ 0 & 64 \times 10^5 & 0 & -85.33 & 1.28 \times 10^8 & -5.333 & 1.28 \times 10^6 & 0 & 5.76 \times 10^5 \\ 0 & 0 & 0.144 & -0.002 & -5.333 & 0.2595 & 0 & 0.288 & 14.4 \\ 128 & 6400 & 0 & 512 & 1.28 \times 10^6 & 0 & 25856 & 115.2 & 5760 \\ 1.15 & 0 & 0.16 & 4.608 & 0 & 0.288 & 115.2 & 1.363 & 16 \\ 0 & 2880 & 8 & 0 & 5.76 \times 10^5 & 1.44 & 5760 & 16 & 3408 \end{bmatrix}$$

$$(3-13)$$

按式(3 – 14)计算统计量 $\bar{y}$：

$$\bar{y} = \frac{1}{12} \sum_{i=1}^{12} y_i \qquad (3-14)$$

计算得：$\bar{y} = 86.813$。

按式(3 – 15)计算统计量 SP_{jy}：

$$SP_{jy} = \sum_{i=1}^{12} (z_{i,j} - \bar{z}_j)(y_i - \bar{y}) \quad (j = 1, 2, \cdots, 9) \qquad (3-15)$$

MATLAB 计算结果以矩阵形式表达，如式(3 – 16)所示：

$$\boldsymbol{SP}_{jp} = \begin{bmatrix} 27.259 & 361.3 & -0.498 & 109.3 & 72203 & -0.911 & 3468 & 23.55 & 272.2 \end{bmatrix}$$

$$(3-16)$$

按式(3 – 17)计算统计量 SS_y：

$$SS_y = \sum_{i=1}^{12} (y_i - \bar{y})^2 \qquad (3-17)$$

计算得：$SS_y = 628.07$。

将上述统计数据计算值代入方程(3 – 18)中，得到 $b_j (j = 1, 2, \cdots, 9)$ 的正规方程组。

$$\begin{cases} SP_{11}b_1 + SP_{12}b_2 + \cdots + SP_{1j}b_j = SP_{1y} \\ SP_{21}b_1 + SP_{22}b_2 + \cdots + SP_{2j}b_j = SP_{2y} \\ \vdots \\ SP_{j1}b_1 + SP_{j2}b_2 + \cdots + SP_{jj}b_j = SP_{jy} \end{cases} \qquad (3-18)$$

求解系数向量 $b_j (j = 1, 2, \cdots, 9)$，可应用线性代数相关知识，该方程组可视作如下的矩阵乘法形式：

$$SP_z \cdot b_j = SP_y \qquad (3-19)$$

将上式变换运算得式(3 – 20)：

$$b_j = SP_z^{-1} \cdot SP_y \tag{3 – 20}$$

经 MATLAB 运算得：

$$
b_j = \begin{bmatrix}
1.28 & 0 & 0 & 5.12 & 0 & 0 & 128 & 1.15 & 0 \\
0 & 3200 & 0 & 0 & 6.4 \times 10^5 & 0 & 6400 & 0 & 2880 \\
0 & 0 & 0.08 & 0 & 0 & 0.144 & 0 & 0.16 & 8 \\
5.12 & 0 & 0 & 20.548 & -85.33 & -0.002 & 512 & 4.608 & 0 \\
0 & 6.4 \times 10^5 & 0 & -85.33 & 1.28 \times 10^8 & -5.333 & 1.28 \times 10^6 & 0 & 5.76 \times 10^5 \\
0 & 0 & 0.144 & -0.002 & -5.333 & 0.2595 & 0 & 0.288 & 14.4 \\
128 & 6400 & 0 & 512 & 1.28 \times 10^6 & 0 & 25856 & 115.2 & 5760 \\
1.15 & 0 & 0.16 & 4.608 & 0 & 0.288 & 115.2 & 1.363 & 16 \\
0 & 2880 & 8 & 0 & 5.76 \times 10^5 & 14.4 & 5760 & 16 & 3408
\end{bmatrix}^{-1}
\begin{bmatrix}
20.259 \\
361.3 \\
-0.498 \\
109.3 \\
72203 \\
-0.911 \\
3468 \\
23.55 \\
272.2
\end{bmatrix}
$$

$$= [\,-5.65 \quad 0.0131 \quad 26.61 \quad 4.294 \quad 0.000603 \quad -9.868 \quad 0.0776 \, 2.2375 \quad -0.196\,]^T \tag{3 – 21}$$

常数项 b_0 可由式(3 – 22)求得：

$$b_0 = \bar{y} - b_1\bar{z}_1 - b_2\bar{z}_2 - b_3\bar{z}_3 - b_4\bar{z}_4 - b_5\bar{z}_5 - b_6\bar{z}_6 - b_7\bar{z}_7 - b_8\bar{z}_8 - b_9\bar{z}_9 = 55.143 \tag{3 – 22}$$

根据式(3 – 10)将 $z_j(j=1,2,\cdots,9)$ 逆向替换为系统压降 $x_1(\text{kPa})$、颗粒粒径 $x_2(\mu\text{m})$、表观密度 $x_3(\text{g/cm}^3)$ 的表达式。至此，气动循环除尘系统颗粒回收率与系统压降、颗粒粒径、表观密度之间的三元二次回归方程可表示为式(3 – 23)形式：

$$
\begin{aligned}
y = {} & 55.142 - 5.65x_1 + 0.0131x_2 + 26.61x_3 + 4.294x_1^2 + 0.000603x_2^2 - 9.868x_3^2 + \\
& 0.0776x_1x_2 + 2.2375x_1x_3 - 0.196x_2x_3
\end{aligned}
\tag{3 – 23}
$$

3.3.2　回归关系的显著性检验

系统压降与颗粒粒径和密度的多元线性回归方程建立以后，需要对因变量 y 和自变量 $z_j(j=1,2,\cdots,9)$ 的线性关系展开显著性检验，即对颗粒多物理属性除尘性能回归方程进行显著性检验。根据数理统计相关研究，本书选择 F 检验。

在 F 检验中，需要引入 y 的总平方和 SS_y、回归平方和 SS_R、离回归平方和 SS_r，其计算式如(3 – 24)所示：

$$
\begin{cases}
SS_y = SS_r + SS_R = \sum_{i=1}^{12} (y_i - \bar{y})^2 \\[2ex]
SS_r = \sum_{i=1}^{12} (y_i - \hat{y}_i)^2 \\[2ex]
SS_R = \sum_{i=1}^{12} (\hat{y}_i - \bar{y})^2
\end{cases}
\tag{3-24}
$$

式中：y_i 表示 CFD 模拟颗粒回收率；$\hat{y}_i$ 表示带入自变量后由回归方程估计的颗粒回收率；$\bar{y}$ 表示 CFD 模拟的颗粒回收率均值。在数理统计中，回归平方和 SS_R 还可以通过式(3-25)进行计算，这种计算方法便于 MATLAB 程序的编写。

$$
SS_R = \sum_{j=1}^{9} b_j SP_{jy}
\tag{3-25}
$$

考虑到式(3-24)中离回归平方和 SS_r 计算不够简便，在实际计算中通过将总平方和 SS_y 与回归平方和 SS_R 作差，间接表示离回归平方和 SS_r，如式(3-26)所示：

$$
SS_r = SS_y - SS_R
\tag{3-26}
$$

计算结果如式(3-27)所示：

$$
\begin{cases}
SS_y = 809.94 \\
SS_R = 808.05 \\
SS_r = 1.8972
\end{cases}
\tag{3-27}
$$

引入因变量 y 的自由度，表达式如式(3-28)所示：

$$
\begin{cases}
df_y = df_r + df_R \\
df_y = n - 1 \\
df_R = m
\end{cases}
\tag{3-28}
$$

式中：df_y 为 y 的总自由度；df_R 为回归自由度；df_r 为离回归自由度；n 是试验总数；m 是回归方程线性变量个数。本书采用 $U_{12}(3^3)$ 的均匀设计表，故试验总数为12；回归方程的线性变量为 $z_j (j = 1, 2, \cdots, 9)$，故回归方程的线性变量个数为9。因变量 y 的自由度计算结果如式(3-29)所示：

$$
\begin{cases}
df_y = 11 \\
df_R = 9 \\
df_r = 2
\end{cases}
\tag{3-29}
$$

引入回归均方 MS_R、剩余均方 MS_r 和 F 统计量，表达式及计算结果如式

(3 - 30)所示：

$$
\begin{cases}
MS_R = \dfrac{SS_R}{df_R} = 89.783 \\[2mm]
MS_r = \dfrac{SS_r}{df_r} = 0.94858 \\[2mm]
F = \dfrac{MS_R}{MS_r} = 94.650
\end{cases}
\tag{3-30}
$$

查 F 统计量分布表得：$F_{0.025}(9,2) = 39.39$。因此，$F > F_{0.025}(9,2)$，则气动循环除尘系统颗粒回收率与系统压降、颗粒粒径、表观密度之间的三元二次回归方程为：

$$
y = 56.01 - 5.82x_1 + 0.0098x_2 + 25.41x_3 + 4.336x_1^2 + 0.000619x_2^2 -
$$
$$
9.198x_3^2 + 0.0776x_1x_2 + 2.2378x_1x_3 - 0.196x_2x_3
$$

$$
\tag{3-31}
$$

上式表明回归方程具有显著的线性关系，置信度大于 97.5%。

3.3.3　偏回归系数的显著性检验

上文计算所得回归关系显著的结论仅仅表明该表达式与模型各因素关系较为相近，但并不能表明表达式中每个因素与因变量 y 之间的线性关系显著。因此，本节对回归方程的每一项自变量进行显著性检验。根据数理统计相关研究，本书选择 t 检验。

在 t 检验中，相关计算公式如式(3 - 32)所示：

$$
\begin{cases}
t_{bj} = \dfrac{b_j}{S_{bj}} \\[2mm]
S_{bj} = S_y\sqrt{C_{jj}} \\[2mm]
S_y = \sqrt{MS_r}
\end{cases}
\tag{3-32}
$$

式中：b_j 是回归方程各项系数；S_{bj} 是偏回归系数标准误；S_y 是离回归标准误；C_{jj} 是矩阵 SP_z^{-1} 上的主对角线元素。将各组统计量分别代入式(3 - 32)中，求出各 t 统计量如表 3.5 所示。

表 3.5　t 统计量

	$|t_{b1}|$	$|t_{b2}|$	$|t_{b3}|$	$|t_{b4}|$	$|t_{b5}|$	$|t_{b6}|$	$|t_{b7}|$	$|t_{b8}|$	$|t_{b9}|$
值	34.464	11.714	47.520	31.740	29.851	71.881	0.7169	6.6104	56.284

由自由度 $df = n - m - 1 = 2$，查 t 统计量分布表可得：$t_{0.025}(2) = 4.3027$。对比表 3.5 可得：$|t_{b7}| < t_{0.025}(2)$，按照"一次剔除一个最不显著"原则，先将 b_7 所在相，即 $x_1 x_2$ 相剔除，然后对回归方程进行重新构建，按照相同的方法进行回归关系和偏回归系数的显著性检验，直到回归关系和偏回归系数的显著性均满足要求为止。

经计算，剔除 $x_1 x_2$ 相后，回归关系检验结果 $F = 90.118$，查 F 统计量分布表可得：$F_{0.025}(8, 3) = 14.54$。因此，$F > F_{0.025}(8, 3)$。结论：回归关系显著，置信度大于 97.5%。偏回归系数检验结果如表 3.6 所示。

表 3.6　第一轮剔除后 t 统计量

	$|t_{b1}|$	$|t_{b2}|$	$|t_{b3}|$	$|t_{b4}|$	$|t_{b6}|$	$|t_{b7}|$	$|t_{b8}|$	$|t_{b9}|$
值	35.622	11.534	8.122	33.141	31.561	75.518	6.9390	59.212

查 t 统计量分布表可得：$t_{0.025}(3) = 3.1824$，与表 3.6 比较可知，所有 t 统计量均大于 $t_{0.025}(3)$。结论：方程偏回归系数显著性检验通过。

最终，颗粒回收率（%）与系统压降 x_1（kPa）、颗粒粒径 x_2（μm）、表观密度 x_3（g/cm^3）之间的三元二次回归方程如式（3-33）所示：

$$y = 49.07 + 0.2749x_1 + 0.1317x_2 + 11.34x_3 + 4.752x_1^2 + 0.0007872x_2^2 -$$
$$2.546x_3^2 + 2.238x_1x_3 - 0.1955x_2x_3 \qquad (3-33)$$

回归方程中各自变量取值范围如式（3-34）所示：

$$\begin{cases} x_1 \in [1.4, \ 2.6] \\ x_2 \in [70, \ 130] \\ x_3 \in [0.7, \ 1.1] \end{cases} \qquad (3-34)$$

3.4　颗粒多物理属性模型检验

针对式(3-33)所示的回归方程,可通过比对在一定的吸嘴运行参数和颗粒物理属性条件下颗粒回收率的方程估计值与 CFD 模拟值之间的差异,检验回归方程对模型的解释能力。

选取下列自变量参数分别进行 CFD 模拟和代入回归方程,结果如表3.7所示。

表 3.7　模型设置与检验结果表

检验编号	系统压降 x_1/kPa	颗粒粒径 x_2/μm	表观密度 x_3/(g·cm^{-3})	颗粒回收率模拟值 y/%	颗粒回收率估计值 $\hat{y}$/%	误差/%
1	1.4	130	0.9	79.38	77.28	2.72
2	2.0	100	0.7	86.79	85.81	1.14
3	2.6	70	1.1	93.52	95.73	-2.31

经计算,颗粒回收率模拟值与估计值之间误差在5%以内,可以认为回归结果与模型实际情况匹配良好,检验通过。

3.4.1　回归方程自变量主次关系分析

通过上述对回归方程的建立,可以在方程中的回归系数进行标准化处理后分析得出自变量系统压降 x_1(kPa)、颗粒粒径 x_2(μm)、表观密度 x_3(g/cm^3)对因变量颗粒回收率(%)的影响主次关系。标准偏回归系数表达式如式(3-35)所示:

$$b_j^* = b_j \frac{S_j}{S_y}(j=1, 2, \cdots, 8) \tag{3-35}$$

式中:S_j 是第 j 个自变量的样本标准差,计算值如表3.8所示;S_y 是因变量 y 的样本标准差,经计算,$S_y = 7.235$。

表 3.8 自变量的样本标准差统计表

j	1	2	3	4	5	6	7	8
S_j	0.327	16.330	0.082	1.309	3271.425	0.147	0.337	16.852

标准化回归系数结果如表 3.9 所示。

表 3.9 标准化回归系数统计表

	x_1	x_2	x_3	x_1^2	x_2^2	x_3^2	$x_1 x_3$	$x_2 x_3$
回归系数	0.2749	0.1317	13.4328	4.7518	0.0008	-2.5460	2.2375	-0.1955
标准化	0.0124	0.2973	0.1516	0.8595	0.3553	-0.0517	0.1042	-0.4554

根据标准回归系数绝对值的大小可以判断出自变量系统压降 x_1(kPa)、颗粒粒径 x_2(μm)、表观密度 x_3(g/cm³)对因变量颗粒回收率(%)的影响主次关系,其顺序为:$x_1^2 > x_2 x_3 > x_2^2 > x_2 > x_3 > x_1 x_3 > x_3^2 > x_1$。

3.4.2 单变量对颗粒回收率影响效果分析

将式(3-33)所示回归方程对各自变量求偏导数。对系统压降 x_1(kPa)求偏导,结果如式(3-36)所示:

$$\frac{\mathrm{d}y}{\mathrm{d}x_1} = 0.2749 + 9.504x_1 + 2.238x_3 \quad (3-36)$$

在式(3-34)所示的自变量取值范围中,x_1 对 y 的偏导数最小值如式(3-37)计算:

$$\left.\frac{\mathrm{d}y}{\mathrm{d}x_1}\right|_{\min} = 0.2749 + 9.504 \times 1.4 + 2.238 \times 0.7 = 15.1471 \quad (3-37)$$

因为 $\frac{\mathrm{d}y}{\mathrm{d}x_1} \geq \left.\frac{\mathrm{d}y}{\mathrm{d}x_1}\right|_{\min} > 0$,由此可以判定在自变量取值空间内,系统压降 x_1(kPa)对颗粒回收率 y 存在正相关关系,即当其他变量不变的情况下,随着系统压降 x_1(kPa)的增大,颗粒回收率会增大。

对颗粒粒径 x_2(μm)求偏导,结果如式(3-38)所示:

$$\frac{\mathrm{d}y}{\mathrm{d}x_2} = 0.1317 + 0.001574x_2 - 0.1955x_3 \quad (3-38)$$

在式(3-34)所示的自变量取值范围中，x_2 对 y 的偏导数最值如式 (3-39)计算：

$$\frac{\mathrm{d}y}{\mathrm{d}x_2}\bigg|_{\min} = 0.1317 + 0.001574 \times 70 - 0.1955 \times 1.1 = 0.02683 \quad (3-39)$$

因为 $\dfrac{\mathrm{d}y}{\mathrm{d}x_2} \geqslant \dfrac{\mathrm{d}y}{\mathrm{d}x_2}\bigg|_{\min} > 0$，由此可以判定在自变量取值空间内，颗粒粒径 $x_2(\mu m)$ 对颗粒回收率 y 存在正相关关系，即当其他变量不变的情况下，随着颗粒粒径 $x_2(\mu m)$ 的增大，颗粒回收率会增大。其原因在于颗粒粒径在 70 ~ 130 μm，颗粒具有良好的随动性。相较于重力，气流对颗粒的曳力(包括形体曳力和摩擦曳力)是颗粒受力的主要贡献，较大的颗粒粒径使得颗粒具有较大的撞风面积，进而使得颗粒在受气流作用过程中具有较大的形体曳力，有助于颗粒受气流作用自下而上被收集。

对表观密度 $x_3(\mathrm{g/cm^3})$ 求偏导，结果如式(3-40)所示：

$$\frac{\mathrm{d}y}{\mathrm{d}x_3} = 11.34 - 5.092x_3 - 2.238x_1 - 0.1955x_2 \quad (3-40)$$

在式(3-34)所示的自变量取值范围中，x_3 对 y 的偏导数最值如式(3-41)计算：

$$\frac{\mathrm{d}y}{\mathrm{d}x_3}\bigg|_{\max} = 11.34 - 5.092 \times 0.7 + 2.238 \times 2.6 - 0.1955 \times 70 = -0.0906$$

$$(3-41)$$

因为 $0 > \dfrac{\mathrm{d}y}{\mathrm{d}x_3}\bigg|_{\max} \geqslant \dfrac{\mathrm{d}y}{\mathrm{d}x_3}$，由此可以判定在自变量取值空间内，表观密度 $x_3(\mathrm{g/cm^3})$ 对颗粒回收率 y 存在负相关关系，即当其他变量不变的情况下，随着表观密度 $x_3(\mathrm{g/cm^3})$ 的增大，颗粒回收率会减小。其原因为在其他变量不变的情况下，较大的表观密度意味着颗粒所受重力较大，这样对于颗粒由下向上的回收会起到不利作用，有碍于颗粒的有效收集。

3.5　颗粒多物理属性与系统压降协同作用效果

根据全国汽车标准化技术委员会发布的扫路车行业标准(QC/T 51—2006)规定，吸扫式扫路车的除尘效率不应低于90%。本书借鉴此行业标准作为气动循环除尘系统的除尘效率要求，进一步探究基于确定的颗粒物理属性(颗粒粒径和表观密度)的运行参数(系统压降)最优化匹配。

　　对于已经获得的回归方程,在给定颗粒物理属性(x_2 和 x_3)后,函数变为一元函数 $y = f(x_1)$。将除尘效率(颗粒回收率)指标确定为 90%(即 $y = 90$)后,表达式转化为一元方程,应用 MATLAB 可以求得方程的解(解析解或数值解)。因不考虑因素本身和因素间的三次及以上的交互作用,针对式(3 - 33)回归方程,表达式可转化为一元二次方程,方程具有解析解,应用 MATLAB 中 Solve 函数可直接求得方程的两个解析解的表达形式。MATLAB 程序如下所示。

```
clear;
syms p d rou
q = '49.07 + 0.275 * p + 0.132 * d + 11.34 * rou + 4.75 * p * p +
0.000786 * d * d - 2.55 * rou * rou + 2.2375 * rou * p - 0.196 * d * rou = 90'
jie = solve(q, 'p');
```

　　将颗粒粒径 $x_2 \in [70, 130]$ 和表观密度 $x_3 \in [0.7, 1.1]$ 离散化并作为三维图像的底面,离散结果如图 3 - 5 所示。将式(3 - 42)运行结果带入离散化节点进行运算,保留最小非负解(即在给定的颗粒粒径及表观密度下,使颗粒回收率为 90% 的系统最小正压降)作为输出结果,颗粒回收率为 90% 所对应的最小系统压降分布图如图 3 - 6 所示。经检验,图像求解结果在 $x_1 \in [1.4, 2.6]$ 参数区间内,适用于回归方程式(3 - 33)应用条件,结果可信。将网格进一步加密后求解,可获得如图 3 - 7 所示近似光滑的图像形式。本节 MATLAB 程序见附录 B。

　　应用 MATLAB 便捷的交互界面,可以通过赋值实现外部数据的输入,精确求解在指定颗粒物理属性下满足颗粒回收率要求的系统最小正压降。图 3 - 8 是应用 MATLAB 精确求解系统压降示例。本例 MATLAB 程序见本书附录 C。

　　考虑到查图法效率较低、精度较差,精确计算法需要具备较高的运算条件,因此在实际的工程应用中,常采用查表法读取数据。表 3.10 为颗粒在指定粒径和表观密度下,颗粒回收率达到 90% 所对应的最小系统压降配置表,简称压降配置表。对于不在节点上的物理属性,可应用线性插值法近似获取系统压降的配置情况。

颗粒物理属性的格点离散

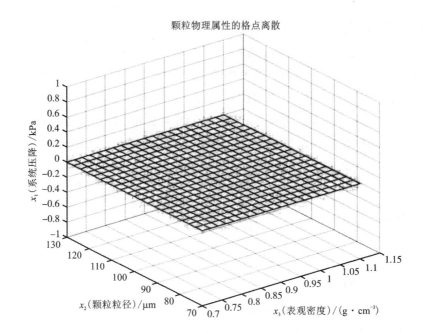

图 3-5　颗粒物理属性的格点离散(21, 21)

颗粒回收率为90%所对应的最小系统压降分布图

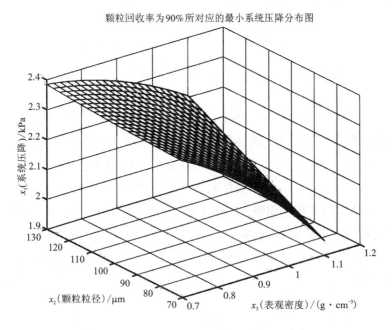

图 3-6　颗粒回收率为90%所对应的最小系统压降分布图(21, 21)

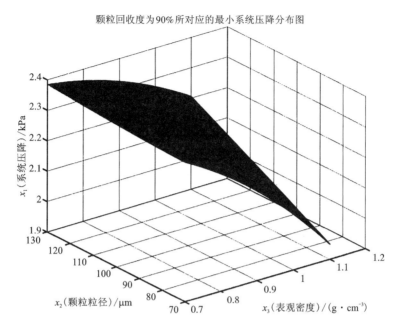

图 3 - 7　颗粒回收率为 90% 所对应的最小系统压降分布图(101, 101)

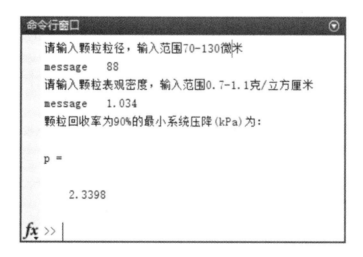

图 3 - 8　MATLAB 精确求解系统压降示例

表 3.10　压降配置表　　　　　　　　　　　　　　kPa

表观密度 /(g·cm⁻³)	颗粒粒径/μm										
	70	76	82	88	94	100	106	112	118	124	130
0.70	2.358	2.331	2.301	2.268	2.233	2.194	2.152	2.107	2.058	2.006	1.949
0.74	2.359	2.334	2.306	2.276	2.242	2.206	2.167	2.124	2.078	2.029	1.975
0.78	2.361	2.338	2.312	2.284	2.253	2.219	2.182	2.142	2.098	2.052	2.001
0.82	2.363	2.342	2.318	2.292	2.263	2.231	2.197	2.159	2.119	2.075	2.027
0.86	2.365	2.346	2.324	2.300	2.274	2.244	2.212	2.177	2.139	2.098	2.053
0.90	2.368	2.351	2.331	2.309	2.284	2.257	2.227	2.195	2.159	2.120	2.079
0.94	2.370	2.355	2.338	2.318	2.296	2.271	2.243	2.213	2.179	2.143	2.104
0.98	2.374	2.361	2.345	2.327	2.307	2.284	2.259	2.230	2.200	2.166	2.129
1.02	2.377	2.366	2.352	2.337	2.318	2.298	2.274	2.248	2.220	2.189	2.155
1.06	2.381	2.372	2.360	2.346	2.330	2.311	2.290	2.267	2.240	2.211	2.180
1.10	2.385	2.378	2.368	2.356	2.342	2.325	2.306	2.285	2.261	2.234	2.205

3.6　本章小结

为构建颗粒多物理属性除尘性能回归模型,实现了以颗粒回收率 $y(\%)$ 为因变量,以系统压降 $x_1(kPa)$、颗粒粒径 $x_2(\mu m)$ 和表观密度 $x_3(g/cm^3)$ 为自变量的三元二次回归模型的构建,并给出了针对待回收颗粒物理属性的最优化运行参数匹配建议。具体工作和相关结论如下。

(1)确定了除尘装备在作业时,影响道路扬尘回收的两个重要因素——颗粒粒径和表观密度。并以此作为颗粒物理属性的自变量,在前人研究的基础上选择气动循环除尘系统的系统压降 $x_1(kPa)$ 作为运行参数自变量,确定了自变量的研究范围如下。

$$\begin{cases} x_1 \in [1.4,\ 2.6] \\ x_2 \in [70,\ 130] \\ x_3 \in [0.7,\ 1.1] \end{cases}$$

(2)在确定三个自变量的水平后,选择了 $U_{12}(3^3)$ 均匀设计表进行试验安排。基于 CFD 模拟结果，完成了回归模型的初次构建，在回归关系和偏回归系数检验中剔除函数非显著项后二次构建回归方程，得出回归方程表达式如下。

$$y = 49.07 + 0.2749x_1 + 0.1317x_2 + 11.34x_3 + 4.752x_1^2 + 0.0007872x_2^2 -$$

$$2.546x_3^2 + 2.238x_1x_3 - 0.1955x_2x_3$$

经计算，回归关系与回归系数显著性置信度均大于 97.5%。经过 CFD 模拟检验表明，回归方程对模型具有较好的解释力，误差在 5% 以内。

（3）针对回归方程进行分析、研究，影响颗粒回收率的最主要因素是系统压降平方项，系统压降、颗粒粒径与颗粒回收率呈现正相关关系，颗粒表观密度与颗粒回收率呈现负相关关系。

（4）针对确定的颗粒物理属性，给出了使颗粒回收率达到 90% 的最小系统压降配置图（表）和 MATLAB 计算程序，希望以此指导实际工程操作中运行参数调配经济性。

第 4 章

气动循环除尘系统结构参数对流场性能影响的 CFD 分析

4.1 气动循环除尘系统结构参数分析

气动循环除尘系统的主要结构参数包括：L（长度）、B（宽度）、H（厚度）、D_1（气动循环除尘系统的吸尘口直径）、β（吸尘口倾斜角度）、D_2（反吹口直径）。考虑到气动循环除尘系统在扫路车装配中的尺寸干涉，不对其长宽高作较大改变。反吹口直径与风机相连接，风量一定且系统内部分反吹腔体、反吹腔出风口等不做改变，反吹口直径的改变对反吹风量影响不大，因此不研究反吹口直径的变化。

4.1.1 气动循环除尘系统吸尘口直径计算

在扫路车吸嘴类产品设计中，吸尘口直接将颗粒物等吸入，由于风机风压固定后吸尘口的出口流量是固定的，因此，气动循环除尘系统吸尘口面积 S 为：

$$S = \frac{Q}{3600V} \tag{4-1}$$

式中：Q 是吸尘口出口流出的风量值，$\mathrm{m^3/h}$；V 是气动循环除尘系统吸尘口出口的平均风速，$\mathrm{m/s}$。一般对于吸尘口出口的设计常采用 $20 \sim 60 \mathrm{~m/s}$，对于尘粒类的颗粒物速度可以低一些，但对于大粒径的物体，如石块等，风速必须要满足大颗粒物的自由悬浮速度。

根据周晓扬计算得出球形物的自由悬浮速度可知，球体物在不同流体区域内，其各自的悬浮速度有所不同。由于大粒径颗粒物被吸尘口吸入，此区域属于压差阻力区 $500 \leqslant R_e \leqslant 2 \times 10^5$，其速度为：

$$V_0 = 5.45 \sqrt{\frac{d_s(\rho_s - \rho)}{\rho}} \qquad (4-2)$$

式中：V_0 是球形物体的自由悬浮速度，m/s；d_s 是球形物的几何尺寸，若物体为球体则是其直径，m；ρ_s 是物体的密度，kg/m³；ρ 是气流的密度，kg/m³。

扫路车清扫路面时，常遇到的大粒径物的密度如表 4.1 所示。根据扫路车行业标准（QC/T 51—2006），扫路车吸扫的颗粒当量直径不得小于 30 mm。因此根据此粒径及各种球状物的密度可以计算出球状物自由悬浮速度，结合式（4-2）和空气密度 1.255 kg/m³，计算得出红砖自由悬浮速度为 36.17 m/s，花岗岩自由悬浮速度为 46.53 m/s，玻璃自由悬浮速度为 42.63 m/s，木头自由悬浮速度为 20 m/s。

表 4.1　常见路面大粒径物的密度

名称	红砖	花岗岩	玻璃	木头
密度/(kg·m⁻³)	1800	2978	2500	600

根据式（4-3）可知，由于吸尘口的负压恒定为 -2300 Pa，扩展区的压力值为标准大气压，所以系统的压差恒定不变。因此系统工作中吸入的流量与吸尘口的直径成正比例关系，即吸尘口直径越大，吸入流量越多。

$$Q = \mu A \sqrt{\frac{2P}{\rho}} \qquad (4-3)$$

式中：Q 是流量，m³/s；μ 是流量系数，由系统性质决定，常取 0.6~0.65；A 是截面面积，m²；P 是压差，Pa；ρ 是流体的密度，kg/m³。

气动循环除尘系统原始的吸尘口直径为 170 mm，吸尘口出口流量为 3672 m³/h。结合路面常见物最大悬浮速度的花岗岩，若想吸起 30 mm 当量直径的红砖，吸尘口的最大直径为：

$$r = \sqrt{\frac{Q}{\pi 3600 V}} = \sqrt{\frac{3672}{3.14 \times 3600 \times 46.53}} \approx 167 \text{ mm} \qquad (4-4)$$

由于气动循环除尘系统并未要求使用精度较高的产品，因此工程实际生产中对于 167 mm 的直径近似成 170 mm。了解吸尘口直径、大粒径物体以及自由悬浮速度三者间的数学关系，对后期优化吸尘口直径的选取较为关键。

4.1.2 气动循环除尘系统吸尘口倾斜角度计算

吸尘口倾斜角度对于整体设计来说是一个重要设计指标，因为倾斜角度的大小直接决定了系统内部气流流动的速度分布以及内部压力损失大小等。

吸尘口设计中一个评定指标就是吸尘口速度分布均匀性。速度分布均匀性一般以 V_c/V_0 表示，其中 V_c 表示吸尘口出口面的中心气流速度，V_0 则表示吸尘口出口面的平均气流速度。表 4.2 列出了气动循环除尘系统的吸尘口在不同倾斜角度下的 V_c/V_0 的变化情况，其中倾角 β 为吸尘口的倾斜角度。

表 4.2　吸尘口不同倾斜角度下速度分布均匀性

倾角 $\beta/(°)$	90	100	110	130
V_c/V_0	1.22	1.31	0.82	0.71

从表 4.2 中的数据可以看出，随着气动循环除尘系统的反吹式倾斜角度的增大，V_c/V_0 的比值先增大后减小。在吸尘口倾斜角度小于 100° 时，吸尘口速度分布均匀性随着倾斜角度的增大而降低；同样，在吸尘口倾斜角度大于 100° 时，吸尘口速度分布均匀性随着倾斜角度的增大而降低。但是在倾斜角度大于 100° 时，压差损失也随着倾斜角度的增大而增大。综合考虑到气动循环除尘系统的结构布置、速度和压力分布等因素，在吸尘口倾斜角度设计中，一般倾角 β 不大于 120°。

4.1.3 气动循环除尘系统前挡板倾斜角度计算

前挡板的倾斜是为了减小吸尘口倾斜角度 β 对吸尘口性能的影响而对结构采取的一种改变。前挡板的倾斜角度 α 与吸尘口倾斜角度 β 满足式(4-5)、式(4-6)：

当 $\alpha < 90°$ 时，

$$\frac{L-D_1}{2}\cot\frac{\beta}{2} = \frac{h}{\cos\alpha} \tag{4-5}$$

当 $\alpha > 90°$ 时，

$$\frac{L-D_1}{2}\cot\frac{\beta}{2}=\frac{h}{\cos(\pi-\alpha)} \tag{4-6}$$

式中：L 是气动循环除尘系统的长度，m；D_1 是吸尘口的直径，m；β 是吸尘口的倾斜角度，(°)；h 是气动循环除尘系统的厚度，m；α 是前挡板的倾斜角度，(°)。

从式(4-5)中可以看出，由于气动循环除尘系统的吸尘口倾斜角度不小于 90°，所以吸尘口倾斜角度 β 增大则前挡板倾斜角度 α 减小。在吸尘口倾斜角度 β 过大时，可以通过调整前挡板倾斜角度 α，使其大于 90°，但是过大的吸尘口倾斜角度 β 会使得系统后部进入的气流产生流向转向，即产生涡流，增加了气动循环除尘系统内部的压力损失，降低了其吸尘性能。综上分析，设计气动循环除尘系统前挡板倾斜角度 α 时，应使其配合吸尘口倾斜角度 β，一般取 60° $\leq \alpha \leq 120°$ 较为合适。

4.2　吸尘口直径对内部流场影响的 CFD 分析

4.2.1　吸尘口直径改变对进气面速度和压强的影响

为研究气动循环除尘系统吸尘口直径对内部流场的影响，通过改变吸尘口的直径(径宽比 i_{D_1B}，即直径 D_1 与宽度 B 的比值)，重点研究气动循环除尘系统前后左右四个进气面的平均速度和吸尘口入口处压强的分布情况，以此来确定其直径的变化对进气面的影响规律。

如图 4-1 所示，从总体走势来说，气动循环除尘系统四周进气面(前后左右进气面)均随着径宽比的增大而增大，其中，当径宽比小于 0.45 时，吸尘口直径的增大对前后左右进气面平均速度作用效果非常显著。当径宽比大于 0.45 时，尤其在径宽比大约为 0.47 时增长趋势较弱，基本呈现出平稳的状态，速度随着直径的增长不显著。气动循环除尘系统的吸尘口入口平均压强随着吸尘口直径的增大而逐步降低，在径宽比小于 0.45 时，入口平均压强随着吸尘口直径的增大而下降非常显著，但是当径宽比大于 0.45 时，尤其在径宽比大约为 0.47 时下降趋势较弱，基本呈现出平稳的状态，此时吸尘口入口的压强不再随着直径的增长而降低，压强变化不显著。前后左右四个进气面的速度中右进气面的平均速度最大，其次为前进气面的平均速度、后进气面的平均速度。四个进气面中平均速度最小的是左进气面。

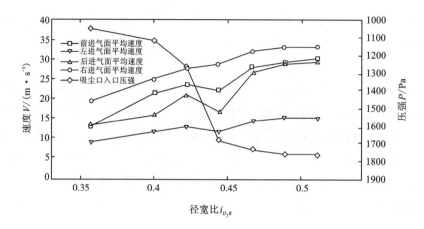

图 4 - 1 径宽比 i_{D_1B} 对四周进气面速度和吸尘口入口压强的影响

产生上述四周进气面速度升高现象的原因在于气动循环除尘系统吸尘口直接与扫路车的垃圾箱相连通，垃圾箱在风机负压作用下其内部压力恒定不变，致使吸尘口出口处压强不变。当径宽比小于 0.45 时，吸尘口直径的增大使得系统吸尘功率逐渐增大，即吸尘功率大大提高，使得气动循环除尘系统进气面处的吸尘功率逐步增大，其直接作用效果体现在系统四周进气面的平均速度提高，所以在图 4 - 1 中可以看出，速度随着直径的增大而提高。

吸尘口入口处压强降低的原因在于气动循环除尘系统吸尘口直径的增大使得吸尘口距离前侧、右侧和后侧挡板的距离缩小，致使吸尘口的沿程损失得到大幅度降低，因此压强下降较为显著，尤其在径宽比小于 0.45 时。

径宽比大于 0.45 时，径宽比 i_{D_1B} 对四周进气面速度和吸尘口入口压强的影响不显著，速度和压强呈现出平稳状态。四周进气面速度和入口压强平稳的原因为吸尘功率随着直径的增大而提高后导致内部气流流速增大，而流速增大导致沿程损失量提高，此阶段吸尘功率的增加程度近似地等于系统内部沿程损失的程度，因此四周进气面速度平均值和入口压强变化不明显，基本呈现出平稳的状态。

前后左右四个进气面的速度呈现出右进气面的平均速度最大，其次为前进气面平均速度、后进气面平均速度,四个进气面中平均速度最小的是左进气面的原因在于:气动循环除尘系统的特点为吸尘口在行驶方向的右侧,因此右侧进风口距离吸尘口负压区最近,其受负压影响最为显著,直接表现为右侧进风口的平均速度要高于其他三个进风口;左侧进风口距离负压区域距离最远,致使其在四个进风口中的平均速度最低。

4.2.2　吸尘口直径改变对除尘效率的影响

除尘效率是衡量吸尘性能的一个重要指标。为了说明其具有良好的吸尘效果及前进气面速度与吸尘效率成正比例关系,引入总除尘效率和分级除尘效率来对其吸尘性能做出合理评价。

由上节中吸尘口直径对四周进气面速度和吸尘口入口压强的影响,吸尘口的直径越大,其前进气口平均风速越大,因此选择吸尘口直径的最大值和最小值来研究其吸尘性能的好坏。颗粒的注入考虑双向流固耦合作用,其计算结果如图 4 - 2 所示。

图 4 - 2(a)的吸尘口直径是 160 mm,图 4 - 2(b)的吸尘口直径是 200 mm。可以看出,颗粒物在反吹风的作用下将其吹向了吸尘口附近,在吸尘口负压的作用下,颗粒物被吸入。对于 160 mm 直径的吸尘口,其吸尘口入口处周边的颗粒物速度较低(深色区域),说明负压对颗粒物的作用较小,因此在系统行驶方向的右前方出现颗粒物的遗漏现象较为严重。对于 200 mm 直径的吸尘口,其吸尘口入口处周边的颗粒物速度较高,说明在较大吸尘口直径的作用下颗粒物受负压作用明显,系统具有较大的吸尘功率,能使颗粒物具有较高的动能,易被吸入到吸尘口内。

根据单个颗粒受力情况可知,由于 DPM 模型可以对单个颗粒进行轨迹跟踪,可以看出每个颗粒物从进入系统内部到离开的整个过程,因此通过此法可以计算出总注入的颗粒数及吸尘口溢出的颗粒数的数值,通过式(4 - 7)和式(4 - 8)便可以计算出气动循环除尘系统的总除尘效率和分级除尘效率。

$$\eta = \frac{G_2}{G_1} \times 100\% \qquad (4 - 7)$$

式中:η 是总除尘效率;G_2 是吸尘口出口的颗粒数;G_1 是除尘效率计算中注入的总颗粒数。

$$\eta(d_{pj}) = \frac{G_2(d_{pj})}{G_1(d_{pj})} \times 100\% \qquad (4-8)$$

式中：$\eta(d_{pj})$ 是分级尘效率；$G_2(d_{pj})$ 是某一尘粒粒径下，吸尘口出口的颗粒数；$G_1(d_{pj})$ 是某一尘粒粒径下，注入的总颗粒数。

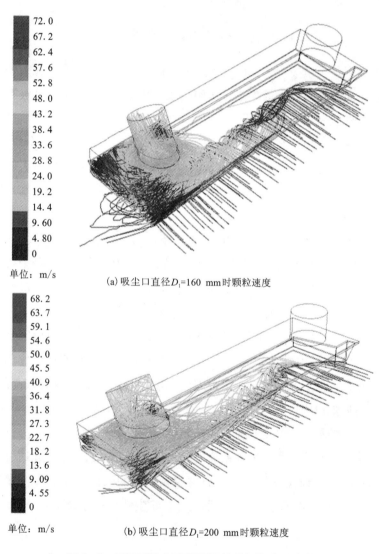

图 4-2 不同吸尘口直径下颗粒吸入轨迹及速度

通过颗粒注入和溢出的个数来对气动循环除尘系统的总除尘效率进行计算的结果如图 4 - 3 所示。随着吸尘口直径的增大，总除尘效率越高，直径为 160 mm 的吸尘口的总除尘效率为 84.2%，直径为 200 mm 的吸尘口的总除尘效率为 91.9%。该结果验证了本书之前所提到的吸尘口前进气面速度越大吸尘效率越高的说法，同时，朱伏龙等学者提出的单吸式除尘系统的前进气面平均速度与其总除尘效率正相关的说法在气动循环除尘系统中也是成立的。因此可以对气动循环除尘系统下结论：其前进气面平均速度越大，除尘效率越高。

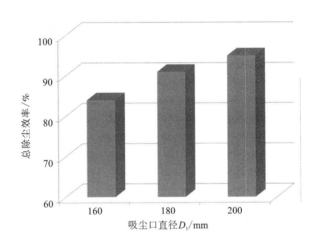

图 4 - 3　吸尘口不同直径总除尘效率

4.2.3　吸尘口直径改变对大粒径物体的吸入效果

对于路面较为少见的大颗粒物，如砖头、瓦块等，根据全国汽车标准化技术委员会指定的扫路车行业标准（QC/T 51—2006），扫路车要求吸拾的物体当量直径不小于 30 mm。因此以直径为 30 mm、密度为 1800 kg/m³ 的红砖为例，结合双向流固耦合作用对其进行验证。选取两个位置放置此 30 mm 直径的砖块，为了计算其在内部的滞留时间，分别选取气动循环除尘系统吸力最弱和最强的位置，吸尘口直径为 160 mm。砖块不同位置的吸入时间及运动轨迹如图 4 -4 所示。

观察其轨迹可以发现，30 mm 直径的红砖可以顺利地经由吸尘口出口输送

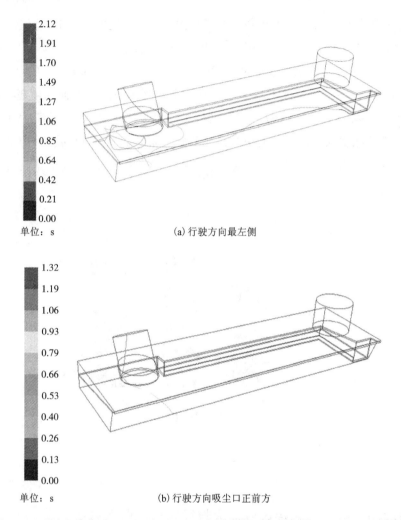

图 4-4　吸尘口直径 160 mm 时，30 mm 直径砖块不同位置的吸入时间及运动轨迹

到除尘箱内。图 4-4(a)位置为行驶方向的最左侧，此处的吸力相比于整个内部是最弱的地方，因此红砖从此处被顺利吸入的时间较长，共计 2.12 s。从轨迹上可以看出红砖从左侧吸入的过程中碰撞到了吸尘口的右壁上，这是因为大颗粒物具有惯性的作用，不如小颗粒物随风性好。图 4-4(b)位置为行驶方向吸尘口正前方，此处距离吸尘口较近，红砖很容易地就被吸入吸尘口内，且顺利从吸尘口流出，其滞留时间为 1.32 s。

根据图 4-5，200 mm 吸尘口直径的气动循环除尘系统吸拾 30 mm 直径的红砖需要的时间相比 160 mm 直径的时间要短，而且，当红砖在行驶方向最左侧时，其被气动循环除尘系统吸入的轨迹相比 160 mm 直径的要简单和距离更短。这是因为吸尘口直径的增大缩短了其距离四周壁面的距离，且吸尘口压力不变，即增加了吸尘功率，所以 30 mm 直径的红砖更容易被吸入。当红砖在行驶方向最左侧时，其在内部的滞留时间为 1.83 s，相比于 160 mm 直径相同吸入位置的 2.12 s 缩短了 0.29 s；当红砖在行驶方向吸尘口正前方时，其在内部的滞留时间为 1.13 s，相比于 160 mm 直径相同吸入位置的 1.32 s 缩短了 0.19 s，滞留时间的缩短对大颗粒物的吸入有着较好的优势。

图 4-4 和图 4-5 均证明了 30 mm 的红砖在两种不同吸尘口直径下均可以被顺利地吸入。根据图 2-15 砂粒粒径与起动速度关系可知近地面速度符合大粒径物体的起动速度。在图 4-6 中对于 30 mm 直径的砂粒的起动速度约为 20 m/s，虽然从近地面矢量图中观察其左侧的速度值未接近 20 m/s，速度仅有 18 m/s 左右，但是大颗粒依旧能被顺利吹到吸尘口附近。这是因为大粒径物体与颗粒物不同之处在于其自身的直径较大，沙土等颗粒物是铺在地面上的，由于其粒径较小，均为微米级，所以近似平铺在地面上。对于大粒径的物体来说，其自身较大的粒径为毫米级单位，自身的厚度使得其离地面有了一定的距离，该距离中(属于吸尘腔内)速度场同比近地面更高，所以大径物体容易被吹动，使其在吸尘口附近被统一吸拾。

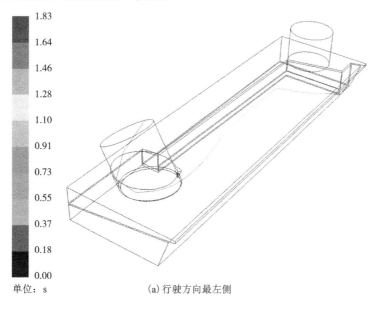

1.83
1.64
1.46
1.28
1.10
0.91
0.73
0.55
0.37
0.18
0.00

单位：s　　　　　　　　　　(a) 行驶方向最左侧

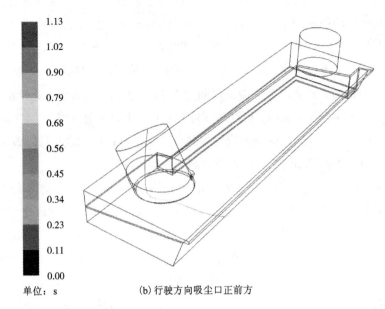

单位：s

(b) 行驶方向吸尘口正前方

图 4 - 5　吸尘口直径 200 mm 时，30 mm 直径砖块不同位置的吸入时间及运动轨迹

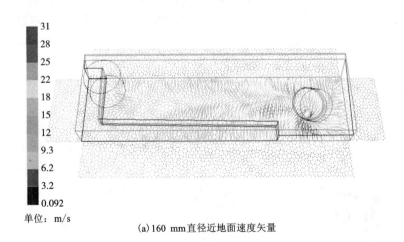

单位：m/s

(a) 160 mm 直径近地面速度矢量

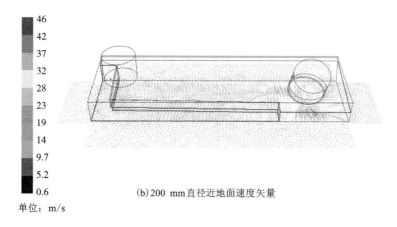

（b）200 mm 直径近地面速度矢量

单位：m/s

图 4 - 6　不同吸尘口直径的近地面速度矢量

4.3　吸尘口倾斜角度对内部流场影响的 CFD 分析

4.3.1　吸尘口倾斜角度改变对进气面速度和压强的影响

为研究气动循环除尘系统吸尘口直径对内部流场的影响，改变吸尘口直径 $D_1 = 190$ mm，改变吸尘口倾角 β，重点研究气动循环除尘系统前后左右四个进气面的平均速度和吸尘口入口处压强的分布情况，以此来确定其吸尘口倾角 β 的变化对进气面的影响规律，结果如图 4 - 7 所示。

从吸尘口倾角 β 对四周进气面速度和吸尘口入口压强的影响图中可知，从总体走势来说，气动循环除尘系统四周进气面（前后左右进气面）均随着吸尘口倾斜角度的增大而呈现出先升高后降低的态势。其中，当吸尘口倾斜角度小于 110°时，吸尘口倾斜角度的增大对前后左右进气面平均速度作用效果非常显著，均随着倾斜角度的增大而急剧上升。当吸尘口倾斜角度大于 110°时，速度随着倾斜角度的增长而下降。气动循环除尘系统的吸尘口入口压强平均值随着吸尘口倾角的增大先逐步降低后又上升：在吸尘口倾斜角度小于 110°时，入口平均压强随着直径的增大而下降非常显著；当吸尘口倾斜角度大于 110°时，入口平均压强随着倾斜角度的增大而上升。前后左右四个进气面的速度中右进气面的平均速度最大，其次为前进气面平均速度。四个进气面中平均速度最小的是左进气面。

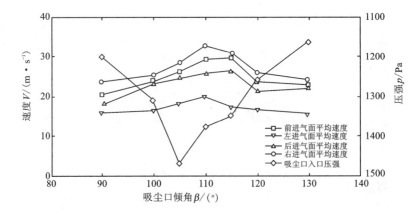

图 4 – 7　吸尘口倾角 β 对四周进气面速度和吸尘口入口压强的影响

产生上述四周进气面速度先升高后降低现象的原因在于气动循环除尘系统吸尘口倾斜角度的大小直接决定了内部能量的损耗大小。当吸尘口倾斜角度小于 110°时，内部气流的流动较为顺畅，致使内部能量损失较低，在吸尘口负压不变的情况下相当于提高了吸尘功率，使得气动循环除尘系统进气面处的吸尘功率逐步增大，其直接作用效果体现在四周进气面的平均速度提高，所以在图 4 – 7 中可以看出，随着吸尘口倾斜角度的增大，进气面的平均速度均在升高。当吸尘口倾斜角度大于 110°时，系统内部气流流动不如小于 110°时顺畅，因此能量损失较大，使得气动循环除尘系统进气面处的吸尘功率逐步降低，其直接作用效果体现在四周进气面的平均速度降低。

对于吸尘口入口处压强先降低后升高的原因在于气动循环除尘系统吸尘口倾斜角度的增大不可避免地造成吸尘口与系统主体相交的截面面积增大。当倾斜角度小于 110°时，其截面面积的增大有助于吸尘口负压对内部气流的作用效果，吸尘功率升高，吸尘口入口平均压强降低。当吸尘口倾斜角度大于 110°时，截面面积的突变提高，大大降低了吸尘口负压对内部气流作用效果，因此吸尘口入口处的平均压力值上升。

4.3.2　吸尘口倾斜角度改变对除尘效率的影响

上一节中对前进气面的平均速度与总除尘效率正相关做了一个验证，得出结果：气动循环除尘系统与单吸式除尘系统一样，前进气面的平均速度越大，总除尘效率越高。从图 4 – 7 可知，在吸尘口倾斜角度为 115°时，其前进气面的平均速度最高，因此根据前进气面的平均速度越大，总除尘效率越高的结论，可知气动循环除尘系统的吸尘口倾斜角度在 115°时其除尘效率最高。图 4-8 为不同吸尘口倾斜角度下颗粒吸入轨迹及速度。

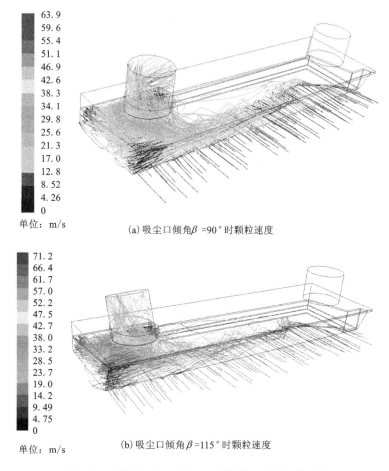

单位：m/s

(a) 吸尘口倾角 β =90°时颗粒速度

单位：m/s

(b) 吸尘口倾角 β =115°时颗粒速度

图 4-8　不同吸尘口倾斜角度下颗粒吸入轨迹及速度

吸尘口倾斜角度的增大使系统行驶方向右前方的尘粒泄漏问题得到了较好的控制，颗粒物的泄漏降低。在图 4-2 中，吸尘口直径变大对右前方的尘粒泄漏现象有所缓解，当时原始吸尘口倾斜角度为 120°。本节选用的吸尘口直径为 200 mm，配合的倾斜角度为 115°，行驶方向右前方的尘粒泄漏问题得到了较好的控制，且颗粒的速度较高，易于吸拾颗粒物，初步分析吸尘口的直径及其倾斜角度对吸尘的性能有一定的交互作用影响。统计系统总注入的颗粒数及吸尘口溢出的颗粒数，并结合式(4−7)可以得出不同吸尘口倾斜角度下的总除尘效率，其中：吸尘口倾斜角度为90°时，气动循环除尘系统的总除尘效率为85.3%；吸尘口倾斜角度为115°时，气动循环除尘系统的总除尘效率为94.2%。

4.3.3 吸尘口倾斜角度改变对大粒径物体的吸入效果

按照扫路车行业标准(QC/T 51—2006)对清扫物体当量直径的要求，选取两个位置放置密度为1800 kg/m³、直径为30 mm的砖块，为了计算其在内部的滞留时间，分别选取气动循环除尘系统吸力最弱和最强的位置，吸尘口倾角 β 为90°砖块不同位置的吸入时间及运动轨迹如图4−9所示。

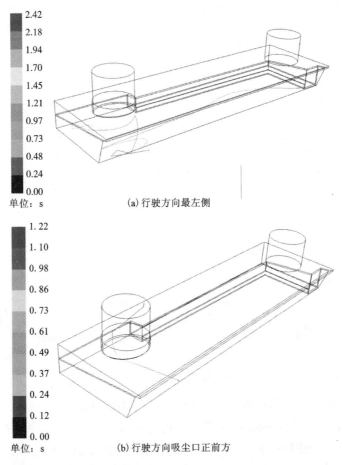

图4−9 吸尘口倾角 β =90°时，30 mm 直径砖块不同位置的吸入时间及运动轨迹

　　图 4-9(a)位置为行驶方向的最左侧，30 mm 直径的红砖未能顺利地经由吸尘口出口输送到除尘箱内。此处的吸力相比于整个系统内部是最弱的地方，反吹风将红砖吹到吸尘口附近后，由于惯性的原因，未被吸尘口处负压顺利吸起，从轨迹上可以看出经由前挡板后漏出，因此，吸尘口倾斜角度的改变不利于其对大颗粒物的吸入。图 4-9(b)位置为行驶方向吸尘口正前方，此处距离吸尘口较近，红砖很容易地就被吸入吸尘口内，且顺利从吸尘口流出，其滞留时间为 1.22 s。因此，90°的吸尘口倾斜角度对附件区域影响较小，大粒径的颗粒依旧可以被顺利吸入。

　　对比图 4-9 和图 4-10，吸尘口的倾斜角度为 115°时，30 mm 直径的红砖在吸力最弱的左侧被顺利吸入，红砖在系统内部的滞留时间为 1.89 s。这是因为吸尘口倾斜角度的增大不可避免地造成吸尘口与分腔挡板相贯处的截面面积增大，且吸尘口直径相比于原始模型的 160 mm 也有了增长，在出口压力恒定不变时，其吸尘功率得到了提高，所以 30 mm 直径的红砖更容易被吸入。当红砖在行驶方向吸尘口正前方时，其在内部的滞留时间为 1.08 s，相比于 90°倾角直径相同吸入位置的 1.22 s 缩短了 0.14 s。相同条件下，滞留时间越短，越有利于大颗粒物的吸入，因此选择吸尘口的倾斜角度时应注意。

　　图 4-11 为不同吸尘口倾斜角度的近地面速度矢量，根据大粒径物体的起动速度和图 4-9、图 4-10 可以看出 30 mm 直径的红砖均被吹到吸尘口附近。虽然图 4-9(a)中的红砖未能被顺利吸入，但是这与近地面的速度无关，近地面速度是为了保证地面上的大粒径颗粒从静止到实现滑动，以至于最终达到运动状态，所以大粒径物体容易被吹动，即满足起动理论。

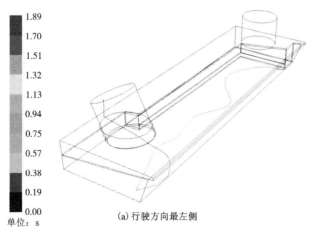

1.89
1.70
1.51
1.32
1.13
0.94
0.75
0.57
0.38
0.19
0.00
单位: s

(a) 行驶方向最左侧

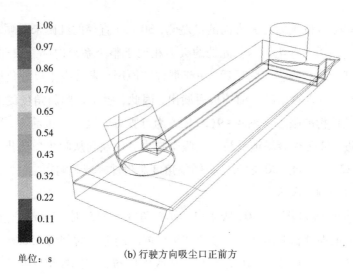

单位：s　　　(b) 行驶方向吸尘口正前方

图 4 - 10　吸尘口倾角 β = 115° 时，30 mm 直径砖块不同位置的吸入时间及运动轨迹

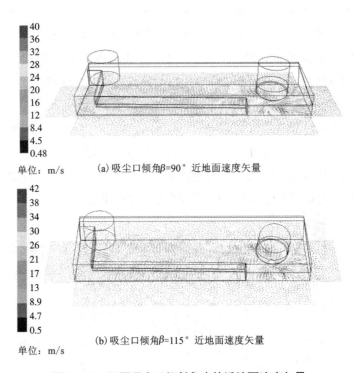

单位：m/s　　(a) 吸尘口倾角 β=90° 近地面速度矢量

单位：m/s　　(b) 吸尘口倾角 β=115° 近地面速度矢量

图 4 - 11　不同吸尘口倾斜角度的近地面速度矢量

4.4 前挡板倾斜角度对内部流场影响的 CFD 分析

4.4.1 前挡板倾斜角度改变对进气面速度和压强的影响

为研究气动循环除尘系统前挡板倾斜角度对内部流场的影响，改变前挡板倾斜角度 α，重点研究气动循环除尘系统前后左右四个进气面的平均速度和吸尘口入口处压强的分布情况，以此来确定其前挡板倾斜角度 α 的变化对进气面的影响规律，结果如图 4 – 12 所示。

如图 4 – 12，根据前挡板倾斜角度 α 对四周进气面速度和吸尘口入口压强的影响，从总体走势来说，气动循环除尘系统四周进气面（前后左右进气面）均随着前挡板倾斜角度的增大而呈现出先升高后降低的态势。其中，当前挡板倾斜角度小于 100°时，前挡板倾斜角度的增大对前后左右进气面平均速度作用效果较为显著，均随着倾斜角度的增大而平稳上升。但是当前挡板倾斜角度大于100°时，速度随着倾斜角度的增长而下降。气动循环除尘系统的吸尘口入口压强平均值随着前挡板倾斜角度的增大先逐步降低后又上升。前后左右四个进气面的速度中右进气面的平均速度最大，其次为前进气面平均速度、后进气面平均速度。四个进气面中平均速度最小的是左进气面。

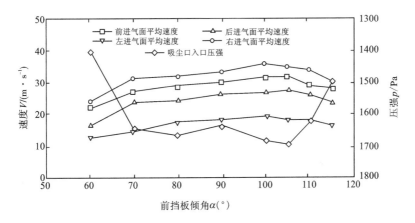

图 4 – 12　前挡板倾角 α 对四周进气面速度和吸尘口入口压强的影响

产生上述四周进气面速度先升高后降低现象的原因在于气动循环除尘系统前挡板倾斜角度同样决定了系统内部能量的损耗大小,当前挡板倾斜角度小于100°时,内部气流流畅度好且体积相对较小,内部局部阻力低,吸尘口负压不变,所以吸尘功率高。当前挡板倾斜角度大于100°时,其结果与小于100°时恰恰相反,内部气流流畅度不好且体积相对较大,内部局部阻力高,吸尘功率较低。所以在图4-12中可以看出,速度随着吸尘口倾斜角度的增大,进气面的平均速度均先升高后降低。

对于吸尘口入口处压强先降低后升高的原因同样与吸尘口倾斜角度的类似,吸尘功率的大小直接决定了吸尘口入口处的真空度,即其负压值。前挡板倾斜角度的改变直接影响内部气流的局部阻力,所以前挡板倾斜角度 α 在50°~120°变化过程中,进气口压强以前挡板倾斜角度 $\alpha = 100°$ 为分界线,先随着前挡板倾斜角度 α 的增大而降低,后随着前挡板倾斜角度 α 的增大而增大。

4.4.2 前挡板倾斜角度改变对除尘效率的影响

前挡板的倾斜角度以90°为分界线呈现出三种不同的结构特点,原始模型中的前挡板倾斜角度 α 为70°,前两节通过对吸尘口直径和倾角的研究均在前挡板为70°的情况下展开。考虑到研究不同结构参数下的吸尘性能以及根据前进气面平均速度越大,除尘效率越高的原则,本节选择 $\alpha = 90°$ 和 $\alpha = 100°$ 作为主要研究对象,展开对比分析。前挡板不同倾斜角度的颗粒吸入轨迹及速度如图4-13所示。

从图4-13中可以看出,行驶方向右前方的尘粒泄漏问题得到了解决,前挡板倾斜角度的调整有助于边缘尘粒物的吸拾。但是对比图4-13(a)、图4-13(b)的尘粒运动轨迹,在前挡板倾角为90°时,右前方挡板内部深色三角形区域[图4-13(a)中画圈处]内出现了尘粒的旋涡,致使尘粒不能顺利进入吸尘口的内部。而此情况在前挡板倾斜角度为100°时得到了缓解,内部的回旋气流消除。统计系统总注入的颗粒数及吸尘口溢出的颗粒数,并结合式(4-7)可以得出前挡板不同倾斜角度下的总除尘效率,其中:吸尘口倾斜角度为90°时,气动循环除尘系统的总除尘效率为95.3%;前挡板倾斜角度为100°时,气动循环除尘系统的总除尘效率为96.2%。

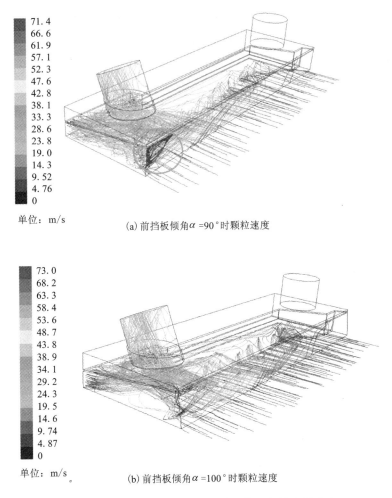

单位：m/s

(a) 前挡板倾角 α =90°时颗粒速度

单位：m/s。

(b) 前挡板倾角 α =100°时颗粒速度

图 4 - 13　前挡板不同倾斜角度的颗粒吸入轨迹及速度

4.4.3　前挡板倾斜角度改变对大粒径物体的吸入效果

同样按照扫路车行业标准（QC/T 51—2006）对清扫物体当量直径的要求，选取两个位置放置密度为 1800 kg/m³、直径为 30 mm 的砖块，计算其在系统内部吸力最弱和最强的两个位置，前挡板倾斜角度为 90°。砖块不同位置的吸入时间及运动轨迹如图4 - 14所示。

图 4 - 14(a)中 30 mm 直径的红砖可以顺利地经由吸尘口出口输送到除尘箱内，由于此处的吸力相比于整个系统内部是最弱的地方，因此红砖从此处被顺利

吸入的时间较长，共计 1.92 s，从轨迹上可以看出红砖从左侧吸入的过程中碰撞到了吸尘口的右壁上，这是因为大颗粒物具有惯性作用，不如小颗粒物随风性好。图 4 - 14(b)位置为行驶方向吸尘口正前方，此处距离吸尘口较近，红砖很容易地就被吸入吸尘口内，且顺利从吸尘口流出，其滞留时间为 1.16 s。

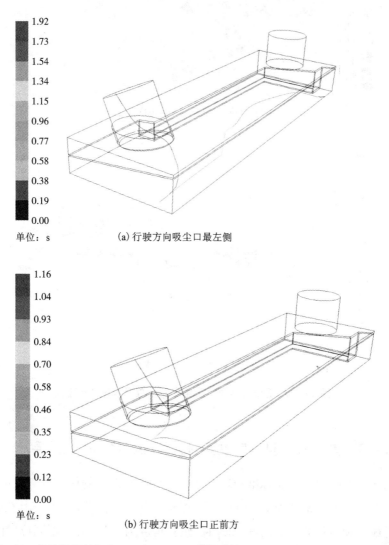

(a) 行驶方向吸尘口最左侧

(b) 行驶方向吸尘口正前方

图 4 - 14　前挡板倾斜角度 90°时，30 mm 直径砖块不同位置的吸入时间及运动轨迹

从图 4 - 15(a)可知，前挡板倾斜角度为 100°时，30 mm 直径的红砖在吸力最弱的左侧被顺利吸入,红砖在内部的滞留时间为 1.95 s。相比于图 4－14(a) 中前挡板倾斜角度为 90°时相同位置吸入的滞留时间 1.92 s 仅仅多了 0.03 s,说明倾斜角度变化 10°对其影响不是很大。因为前挡板倾斜角度的改变增加了气动循环除尘系统的宽度,所以运动路线的距离有所变化。当红砖在行驶方向吸尘口正前方时,在内部的滞留时间为 1.08 s,相比于 90°倾角直径相同吸入位置的 1.16 s 缩短了 0.12 s。因此,相同条件下,滞留时间越短,越有利于大颗粒物的吸入,因此选择吸尘口的倾斜角度时应注意。

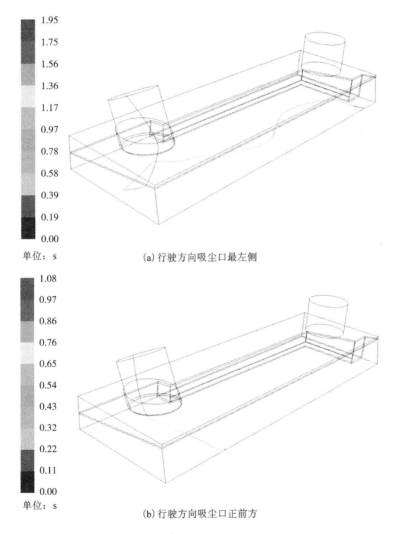

(a) 行驶方向吸尘口最左侧

(b) 行驶方向吸尘口正前方

图 4－15　前挡板倾斜角度 100°时,30 mm 直径砖块不同位置的吸入时间及运动轨迹

　　图 4 - 16 为前挡板不同倾斜角度的近地面速度矢量，根据大粒径物体的起动速度可以判断出不同粒径的物体是否能被顺利吸入。前挡板倾斜角度为 90°和 100°时，近地面的吸尘口附近的最高速度分别为 41 m/s 和 43 m/s，从速度矢量分布特点上来看也都大致相同。虽然近地面的中心处均出现了低速区域，但是该低速区域位于高速气流的中心，因此对流场的影响不大。结合图 4 - 14 和图 4 - 15 可知，近地面的气流速度如果高于大粒径物体的起动速度要求，即满足起动速度阈值，便可以顺利地由静止实现运动。

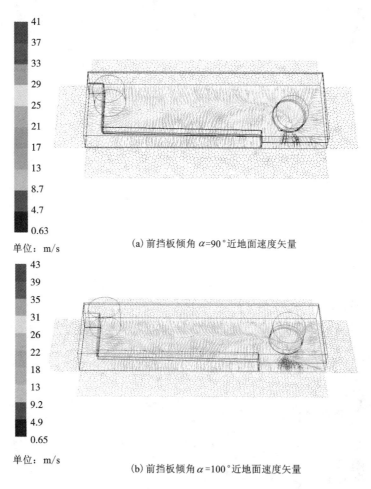

(a) 前挡板倾角 α=90°近地面速度矢量

(b) 前挡板倾角 α=100°近地面速度矢量

图 4 - 16　前挡板不同倾斜角度的近地面速度矢量

4.5　基于均匀设计和多元回归分析的气动循环除尘系统结构参数优化分析

4.5.1　气动循环除尘系统结构参数的均匀设计方法

（1）试验指标的确定。

对于扫路车气动循环除尘系统，其主要的衡量指标便是吸尘性能。根据研究发现，气动循环除尘系统与单吸式除尘系统相类似，均是前进气面平均速度与总除尘效率成正比关系，因此将前进气面平均速度作为试验指标，探寻气动循环除尘系统结构参数之间的主次关系和影响权重。因此试验指标确定如下：

试验指标 y：气动循环除尘系统前进气面平均速度（m/s）。

（2）试验因素及水平确定。

考虑到结构改变对装配所带来的影响及以往设计经验，选择气动循环除尘系统的吸尘口直径、吸尘口倾斜角度、前挡板倾斜角度作为研究对象展开了相关的单因素分析，发现三者均对除尘性能有一定的影响。同时，为了避免结构优化后与扫路车出现尺寸干涉等问题，根据各参数间的最大及最小尺寸变化量进行了水平分配，最终确定均匀试验为 3 因素 4 水平均匀试验。

（3）均匀设计表的选择。

对于均匀设计表的选择需要考虑到试验结果回归方程的表达形式，如果不考虑因素间的交互作用，其线性回归方程的回归系数（包含常数项 β_0）总共有：

$$m = 1 + k + k + \frac{k(k-1)}{2} \tag{4-9}$$

式中：k 是均匀设计所选的因素个数。如果考虑到因素二次项及因素间的交互作用，则均匀设计表的选择必须满足一个条件，即回归方程系数总数要小于试验次数。根据方开泰教授团队设计的软件——均匀设计，选择 $U_n(q^s)$ 类型均匀设计表，其中 n 是试验总数，s 是因素数，q 是水平数。此例所设计的均匀设计为 3 因素 4 水平，为了研究因素间的交互作用，根据式（4-9）可知，试验总数 $m = 10$，所以最终确定为 $U_{12}(4^3)$，其均匀设计表和均匀性测度分别如表 4.3、表 4.4 所示。

表 4.3　$U_{12}(4^3)$ 均匀设计表

NO.	1	2	3
1	3	2	2
2	3	4	4
3	4	4	2
4	4	1	4
5	2	2	3
6	1	3	4
7	2	1	1
8	4	2	1
9	1	1	3
10	3	3	3
11	2	3	2
12	1	4	1

表 4.4　$U_{12}(4^3)$ 均匀性测度

均匀性测度	偏差值
中心化偏差 CD	0.1447
L2—偏差 D	0.0540
修正偏差 MD	0.1757
对称化偏差 SD	0.4259
可卷偏差 WD	0.2449
设计矩阵条件数 C	1.0000
D—优良性	0.0003

（4）试验方案编制。

根据 $U_{12}(4^3)$ 均匀设计表，结合选择的三个因素——吸尘口直径、吸尘口倾斜角度、前挡板倾斜角度按照表 4.3 进行替换。通过 FLUENT 对相应的模型进行模拟仿真，提取试验指标——气动循环除尘系统的前进气面速度的平均值。

（5）结果处理与分析。

考虑到参数间的交互作用以及单个因素平方项的作用，该回归方程为三元二次多项式形式，多项式回归问题的处理通常可以转化为多元线性回归方程来解决。气动循环除尘系统的前进气面平均速度与吸尘口直径、吸尘口倾斜角度、前挡板倾斜角度的三元二次回归方程为：

$$y = 1787.8240 - 19.8143x_1 + 4.9474x_2 - 5.7579x_3 + 0.0492x_1^2 - 0.0356x_2^2 -$$
$$0.0135x_3^2 - 0.0009x_{21}x + 0.0272x_1x_3 + 0.0306x_2x_3 \qquad (4-10)$$

由于自变量间存在着相关性，所以剔除不显著的自变量时应按照"一次剔除一个最不显著"的原则。对回归方程进行重新构建，按照相同的方程 F 检验法和偏回归系数 t 检验法对回归方程进行显著性检验，直至方程和偏回归系数均满足要求为止。最终气动循环除尘系统的前进气面平均速度与吸尘口直径、吸尘口倾斜角度、前挡板倾斜角度的回归方程如下：

$$y = 1799.9666 - 19.9410x_1 + 5.0444x_2 - 5.8940x_3 + 0.0492x_1^2 -$$
$$0.0367x_2^2 - 0.0128x_3^2 + 0.0275x_1x_3 + 0.0303x_2x_3 \qquad (4-11)$$

4.5.2　气动循环除尘系统结构参数优化结果及验证

通过上述对气动循环除尘系统结构参数回归方程的建立，可以从方程中的回归系数进行标准化处理后看出其因素对试验指标前进气面平均速度的影响主次关系，标准偏回归系数可以表示为：

$$b_i^* = b_i \frac{S_i}{S_y} = b_i \sqrt{\frac{SS_i}{SS_y}} \quad (i = 1, 2, \cdots, 8) \qquad (4-12)$$

式中：S_i 是第 i 个自变量的样本标准差；S_y 是因变量 y 的样本标准差。

根据标准回归系数绝对值的大小可以判断出回归方程中各项对试验指标前进气面平均速度的影响主次关系，其顺序为：$x_1 > x_1^2 > x_3 > x_2^2 > x_1x_3 > x_2 > x_2x_3 > x_3^2$。

结合 MATLAB 对回归方程进行求解最大值，最大值出现的结构参数尺寸为：吸尘口直径 $x_1 = 201.0$ mm，吸尘口倾斜角度 $x_2 = 110.7°$，前挡板倾斜角度 $x_3 = 106.2°$。

按照此参数进行增加试验，以验证此结构参数组合的合理性。考虑到工程实际尺寸及加工精度，选取吸尘口直径为 $x_1 = 200.0$ mm，吸尘口倾斜角度为 $x_2 = 110°$，前挡板倾斜角度为 $x_3 = 105°$，以此作为气动循环除尘系统的结构参数配合，重新进行计算模型验证。结构优化后的气动循环除尘系统内部颗粒的运动轨迹及滞留时间如图 4-17 所示。从图中颗粒的轨迹可以发现，行驶方向右前方的漏尘现象得到了有效抑制，颗粒物在左侧反吹风的作用下，均被吹到了右侧的吸尘口附近，最后由负压作用一并吸入。提取前进气面的平均速度为 30.52 m/s，根据颗粒相模型计算其总除尘效率为 96.1%。

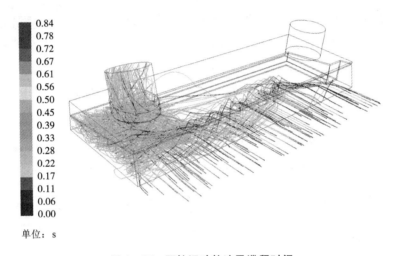

图 4-17 颗粒运动轨迹及滞留时间

4.6 本章小结

在对气动循环除尘系统结构进行了初步理论计算后，考虑到结构尺寸改变过大，其与扫路车的装配将造成尺寸干涉等限制，因此，选取气动循环除尘系统的吸尘口直径、吸尘口倾斜角度和前挡板倾斜角度三个结构参数为主要的影响因素，分别对其进行了单因素影响分析。运用均匀优化设计和多元回归分析方法，研究了以上三个结构参数对吸尘性能的影响程度，并以气动循环除尘系统的前进气面的平均速度作为优化目标，得出了包含因素交互作用在内的回归方程，研究结果如下。

(1)吸尘口直径、吸尘口倾斜角度和前挡板倾斜角度对气动循环除尘系统的吸尘性能有一定的影响。通过对其进行单因素影响分析，吸尘口直径的增大有助于吸尘性能的提高，吸尘口倾斜角度或前挡板倾斜角度的增大导致吸尘性能先提高后降低。

(2)各因素对气动循环除尘系统吸尘性能的影响主次顺序为 x_1（吸尘口直径）$> x_3$（前挡板倾斜角度）$> x_2$（吸尘口倾斜角度）。

(3)吸尘口直径和前挡板倾斜角度的交互作用对气动循环除尘系统吸尘性能影响最大，其次是吸尘口倾斜角度和前挡板倾斜角度的交互作用。在此水平范围内，吸尘口直径及其倾斜角度的交互作用较弱，可忽略不计。

(4)均匀优化设计结合回归分析法对气动循环除尘系统的主要结构参数进行吸尘性能优化分析是可行的，研究的结论对气动循环除尘系统的结构参数的设计与选取有一定的指导意义。

第5章

气动循环除尘系统运行参数对除尘性能影响的 CFD 分析

5.1 气动循环除尘系统运行参数分析

由于气动循环除尘系统在工作过程中与地面上的颗粒形成相对运动，且受到反吹腔吹出的气流影响，地面上的颗粒物被吹到气动循环除尘系统吸尘口的附近，最终在吸尘口负压的作用下将其吸起，送入垃圾箱内。因此影响颗粒物能够顺利地被吸入的主要因素有三个方面。

(1)反吹口处的反吹风量。反吹气流经由回吹风腔后射出封闭式气幕，使得颗粒物向吸尘口附近移动。如果风量过大易导致尘粒吹出系统，但如果风量过小，导致 L 型出风口处风速较低，不利于颗粒物向吸尘口附近移动。

(2)吸尘口处的负压值。颗粒被吹到吸尘口附近时，在负压的作用下，颗粒物被吸入。负压较大一方面带来不必要的能量损失，需要车上的副发动机提供更高的转速；另一方面，根据伯努利方程可知，较大的负压能使内部气流速度得以提高，但是同时增大了系统内部的沿程损失。当提供的能量与沿程损失达到动态平衡时，即使再提高负压也会不起任何效果。

(3)气动循环除尘系统的行驶速度。由于扫路车是移动作业，与路面颗粒间存在一定的相对速度，如果速度较高，则还未等到颗粒物被吸拾起，除尘系统已经驶过尘粒区域，这样便降低了吸尘性能。同样，为了提高吸尘性能而降低车速会引起作业效率较低等问题。

通过上述分析可以得出,在气动循环除尘系统作业的过程中,反吹口处的风量值、吸尘口处的负压值以及行驶速度均会导致吸尘性能的改变,因此需要对其进行最优配比,以实现不同的作业工况。

5.2　反吹风量对除尘性能影响的 CFD 分析

本书中扫路车选用的风机型号为 6.3A,转速为 2900 r/min,流量为 3220 m³/h,全压为 9149 Pa。根据第 1、2 章中对气动循环除尘系统的工作原理可知,风机出口风量大部分进入气动循环除尘系统的反吹口,小部分进入扫路车的除尘箱内,最终过滤后排向大气。

为了研究反吹风量对优化结构后气动循环除尘系统的影响,假设吸尘口出口处的压强为 −2200 Pa,行驶速度为 5 km/h。通过改变扫路车风门手柄(图 5 −1)的位置实现反吹风量的调节。

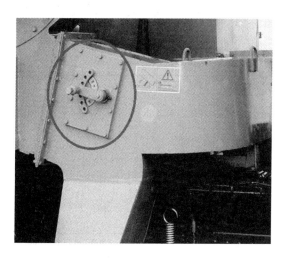

图 5 −1　风门调节手柄

从图 5 −1 可知,风门手柄一共有 7 个位置(最下面的位置反吹风量最小,此处称其为 1 号位置,以此类推),手柄控制内部的分流挡板,使其对风机出口的流量进行分配。当风门手柄在 1 号位置时,大部分气流(约总流量的 60%)

将进入脉冲除尘箱内。虽然除尘箱的最大处理流量为 1500～1800 m³/h，但是当除尘箱内的滤筒清灰不彻底及滤筒有效过滤面积降低时，将超过其最大处理风量，以至于除尘箱的作业能力降低，排出的气体不符合 PM2.5 的标准。当风门手柄在 7 号位置时，反吹风量基本上进入反吹口，此种作业条件一般是雨天等情况。尘粒夹带着雨水进入除尘箱内容易使滤筒产生糊袋现象，不但降低除尘效率而且还减少滤筒寿命。

一般对于新车可以将风门手柄放在 1 号位置，当扫路车使用几年后，由于除尘箱内喷吹清灰器件等老化等原因，只能将其放在 2 号位置以上。同时，从企业获得不同手柄位置处的反吹风量如表 5.1 所示。

表 5.1　不同风门手柄位置处的反吹风量

风门手柄位置	1	2	3	4	5	6	7
反吹风量/（m³·h⁻¹）	1227	1550	1902	2172	2432	2811	3120

同样，采用 Bofu Wu 的路面颗粒物模型，对其总除尘效率进行计算，其结果如图 5-2 所示。

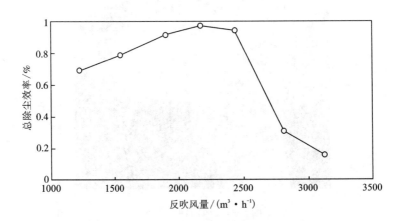

图 5-2　反吹风量对总除尘效率的影响

随着反吹风量的增加，气动循环除尘系统的总除尘效率先升高后降低。其中：当反吹风量小于 2172 m³/h 时，且反吹风量在 1227～2172 m³/h 的变化过程中，总除尘效率由 69.20% 提高到 97.35%，提高了 28.15 个百分点，此过程内总除尘效率逐步上升；而当反吹风量在 2172 ~ 3120 m³/h 的变化过程中，总除尘效率由 97.35% 下降到 16.31%，下降了 81.04 个百分点，此过程内总除尘效率急剧下降。

产生上述现象的原因在于：当反吹风量较小时，颗粒物不易吹到吸尘口的附近，因此吸尘口只能吸拾吸尘口附近的颗粒物，除尘效率相对较低。当反吹风量过大时，近地面的高速气流将吹入的颗粒吹出，且影响到了吸尘口的吸尘作用，一方面影响了反吹口处颗粒物向吸尘口附近的移动，同时也影响到了吸尘口对附近颗粒物的吸拾［图 5-3(a)］；另一方面，过大的风量使得颗粒获得了较多的动能，尤其对质量相对较大的颗粒，其自身的惯性不可忽视，易出现吸入的尘粒外漏等现象，因此合理选择反吹风量很关键。

当反吹风量为 2172 m³/h 时［图 5-3(b)］，颗粒物被反吹风口吹到了吸尘口附近，不但未出现尘粒的泄漏，而且还减少了颗粒物吹到吸尘口附近的距离。若反吹风量较低，则颗粒物会继续向后边缘处移动，最终在反吹口横向风速的作用下吹到吸尘口附近，不但延长了颗粒平均滞留时间，而且还不利于颗粒物被吸拾。

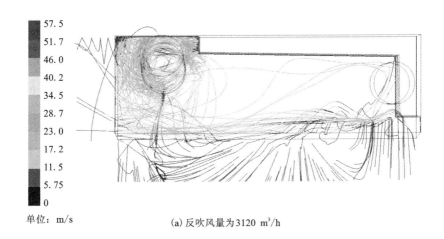

单位：m/s　　　　　　(a) 反吹风量为 3120 m³/h

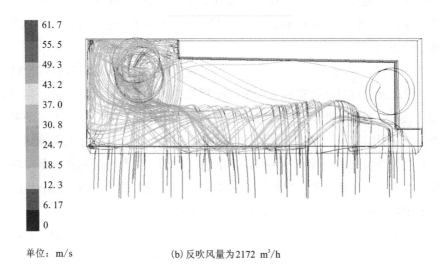

单位：m/s　　　　　　(b) 反吹风量为2172 m³/h

图5-3　不同反吹风量下颗粒的运动轨迹

结合分级除尘效率计算式得出不同粒径下的分级除尘效率如表5.2所示。风门手柄在不同位置上呈现出不同的分级除尘效率。总体上来说，分级除尘效率随着粒径的增大而降低，这是因为粒径大小决定分级除尘效率。同时，尘粒分散度的不同也使其分级除尘效率不同，如手柄放置在7号位置时，粒径呈现出的分级除尘效率与其他位置相比较为波动，这是因为此时反吹风量过大，颗粒在相同情况下会获得更多的动能，特别是由于惯性作用易导致被吸入的大颗粒经过不断碰撞后从侧壁等处溢出[图5-3(a)]，致使分级除尘效率降低。

表5.2　不同反吹风量下粒径的分级除尘效率　　　　　%

颗粒粒径	手柄位置						
/μm	1	2	3	4	5	6	7
45	69.73	79.73	92.48	96.48	98.86	31.40	13.81
60	69.73	79.45	92.32	97.88	97.51	33.73	17.38
76	69.24	79.40	92.12	99.51	96.48	33.78	14.83
91	69.24	79.31	91.91	96.42	94.42	31.13	23.01
106	69.13	78.71	91.72	96.64	94.37	28.05	14.19

续表 5.2

颗粒粒径	手柄位置						
/μm	1	2	3	4	5	6	7
121	69.30	78.01	91.03	97.02	93.88	27.40	18.62
137	68.11	77.82	90.81	97.29	93.18	28.10	13.10
152	68.54	76.61	89.94	97.51	91.23	30.48	15.48

　　不同反吹风量下粒径的平均滞留时间如表 5.3 所示，不同粒径的颗粒物在不同的反吹风量条件下具有不同的性质，如扩散稀释能力不同，气动循环除尘系统内部的湍流、风速等不同，因此呈现出不同的平均滞留时间。

　　在反吹风量相同情况下，粒径变化过程对平均滞留时间影响不是特别大。粒径在 52～152 μm 的变化过程中，手柄在 3 号位置时最长平均滞留时间与最短平均滞留时间相差 0.183 s。平均滞留时间主要与颗粒粒径、运动轨迹及运动速度有关。同时对比总除尘效率和分级除尘效率可知，除尘效率较高时颗粒在气动循环除尘系统内部的滞留时间相对较短，再次说明较短的滞留时间有助于除尘效率的提高。

表 5.3　不同反吹风量下粒径的平均滞留时间　　　　　　　s

颗粒粒径	手柄位置						
/μm	1	2	3	4	5	6	7
45	0.467	0.158	0.176	0.199	0.213	0.556	0.509
60	0.556	0.186	0.214	0.268	0.246	0.587	0.620
76	0.518	0.223	0.265	0.280	0.276	0.602	0.534
91	0.515	0.242	0.288	0.306	0.331	0.594	0.509
106	0.565	0.273	0.326	0.346	0.351	0.575	0.543
121	0.545	0.284	0.342	0.352	0.365	0.610	0.653
137	0.548	0.308	0.353	0.360	0.374	0.594	0.576
152	0.593	0.327	0.359	0.372	0.392	0.541	0.572

5.3　系统压降对除尘性能影响的 CFD 分析

气动循环除尘系统的系统压降为反吹口入口与吸尘口出口的压力差，为了研究压降对优化后结构气动循环除尘系统的影响，假设反吹风量为 2432 m³/h，行驶速度为 8 km/h。通过改变气动循环除尘系统出口处的负压值实现系统压降的变化。

图 5-4 为气动循环除尘系统压降对除尘效率的影响关系线图。随着系统压降的不断提高，气动循环除尘系统的总除尘效率也在不断提高。压降由 1700 Pa 上升到 2000 Pa 的过程中，其总除尘效率由 68.11% 变为 86.15%，提高了 18.04 个百分点。压降由 2000 Pa 提高到 2600 Pa 的过程中，其总除尘效率由 86.15% 变为 99.12%，仅提高了 12.97 个百分点。当压降最终提高到 2900 Pa 时，其总除尘效率与 2600 Pa 时相比无明显变化。

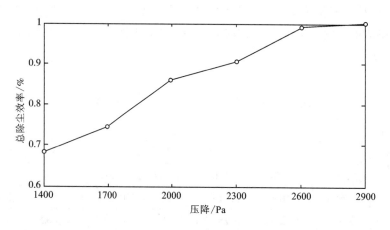

图 5-4　压降对总除尘效率的影响

总除尘效率随系统压降升高而提高的原因在于气动循环除尘系统压降的提高。根据伯努利方程可知，由于结构尺寸并未改变，将导致其内部气流速度提高，颗粒物获得较多的动能。压降的提高相当于增大了气动循环除尘系统的吸尘功率，吸尘功率的增大导致近地面上更多的颗粒物被吸入系统内部，即总除尘效率得到了提高。

压降不同导致除尘效率提高程度不同，在 1400~2000 Pa 时总除尘效率提高最大, 其次是在 2000 ~ 2600 Pa 阶段, 最后总除尘效率变化不明显。这一过程说明了压降对其总除尘效率有一定的影响, 气动循环除尘系统压降的增大不可避免地导致内部气流速度的增大, 高速气流夹带着附近的尘粒经由吸尘口进入垃圾箱的内部。流速提高即沿程损失提高, 其流道结构固定后仅与内部流动速度成正比例关系。因此当压降大于 2600 Pa 以后, 内部的沿程损失与压降提高导致的除尘效率提高实现了动态平衡, 两者损失量和提供量近似相等、相互抵消, 从而气动循环除尘系统进气面的速度变化不明显, 除尘效率变化甚微, 基本保持不变的状态。

压降变化对分级除尘效率的影响如图 5 - 5 所示。相同的系统压降不同的粒径时, 分级除尘效率随着粒径的增大而分级除尘效率降低。其中: 压降为 2900 Pa时, 粒径在 45 ~ 152 μm 的变化过程中, 分级除尘效率由 100% 变为 94.61%, 下降了 5.4 个百分点; 而压降为 1400 Pa 时, 粒径在 45 ~ 152 μm 的变化过程中, 分级除尘效率由 86.01% 变为 59.11%, 下降了 26.90 个百分点。

相同的粒径不同的系统压降时, 分级除尘效率随着压降的增大而分级除尘效率提高。其中: 粒径为 45 μm 时, 压降在 1400 ~ 2900 Pa 的变化过程中, 分级除尘效率由 86.01% 变为 100%, 提高了 13.99 个百分点; 粒径为 152 μm 时, 压降在 1400 ~ 2900 Pa 的变化过程中, 分级除尘效率由 59.11% 变为 94.61%, 提高了 35.50 个百分点。

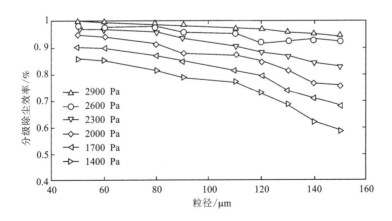

图 5 - 5 不同压降下粒径的分级除尘效率

分级除尘效率随系统压降升高而提高的原因在于: 小粒径颗粒物的跟随性

较好,受气流流速的影响相对较小。以 45 μm 粒径为例,压降由 1400 ~ 2900 Pa 的变化过程中分级除尘效率提高了 13.99%。但是对于大粒径颗粒物而言,由于自身惯性作用,需要较多的动量和气流提升力。同时,由于内部流动属于流固耦合,大颗粒物也会对气流的流动特性进行改变。虽然单个颗粒物对流场内部特性影响较小,但是颗粒物数量较大时,固体颗粒相也会对气流相进行影响。因此,大粒径颗粒物相对于小粒径颗粒物来说更不易吸拾。

不同压降下粒径的平均滞留时间如图 5 - 6 所示。当系统压降从 2300 Pa 变化为 2900 Pa 的过程中,平均滞留时间随着粒径尺寸的变化相对较为平缓,随着粒径直径的增大而逐步延长。当压降小于 2300 Pa 时,观察其颗粒平均滞留时间可以发现其波动较大,但是从整体上看均表现出粒径大,平均滞留时间较长,压力较大,平均滞留时间缩短。

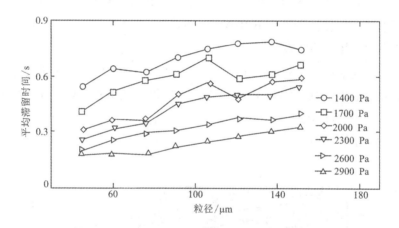

图 5 - 6　不同压降下粒径的平均滞留时间

颗粒的直径大小及气动循环除尘系统内部的湍流、风速等均对其内部颗粒物运动的平均滞留时间有一定的影响。相同的系统压降不同的粒径时,颗粒平均滞留时间随着粒径的增大而延长。其中:压降为 1400 Pa 时,粒径在 45 ~ 152 μm 的变化过程中,颗粒平均滞留时间由 0.540 s 变为 0.751 s,滞后了 0.211 s;而压降为 2900 Pa 时,粒径在 45 ~ 152 μm 的变化过程中,颗粒平均滞留时间由 0.175 s 变为 0.332 s,滞后了 0.157 s。

相同的粒径经过不同的系统压降时,随着压降的增大而颗粒平均滞留时间缩短。其中:粒径为 45 μm 时,压降在 1400 ~ 2900 Pa 的变化过程中,颗粒平均滞留时间由 0.540 s 变为 0.175 s, 缩短了 0.365 s; 粒径为 152 μm 时, 压降在 1400 ~ 2900 Pa 的变化过程中, 颗粒平均滞留时间由 0.751 s 变为 0.332 s, 缩短了 0.419 s。

5.4　行驶速度对除尘性能影响的 CFD 分析

为了研究气动循环除尘系统行驶速度(即扫路车行驶速度)对优化结构后气动循环除尘系统的影响, 假设系统压降为 2600 Pa, 反吹风量为 2432 m³/h, 通过改变气动循环除尘系统的行驶速度来观察其对除尘性能的影响。

图 5 - 7 为气动循环除尘系统行驶速度对总除尘效率的影响关系线图。随着行驶速度的不断提高, 气动循环除尘系统的总除尘效率不断降低。行驶速度由 5 km/h 提高到 14 km/h 的过程中, 其总除尘效率由 96.97% 变为 79.01%, 降低了 17.96%。气动循环除尘系统总除尘效率随着车速的提高而降低的原因有两点。第一, 逐渐提高的车速增大了气动循环除尘系统与地面颗粒物间的相对速度, 使得地面上的不同粒径分布的颗粒物以较大的碰撞角度向着进风口移动, 颗粒间的碰撞及颗粒与前挡板间的碰撞使得颗粒物不易被吸入, 有的颗粒即使被吸入后同时也会由于自身的惯性从别的进气面漏出(图 5 - 8), 降低了吸尘性能, 即降低了吸尘效率。第二, 逐渐提高的车速增加了颗粒物的单位时间内吸入量, 即颗粒物的负载比提高, 因此每个颗粒获得的动能较少, 不易被吸入, 使得总除尘效率降低。

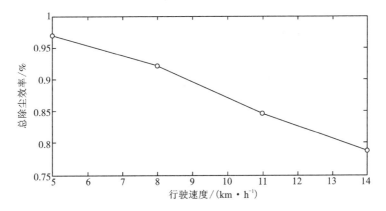

图 5 - 7　行驶速度对总除尘效率的影响

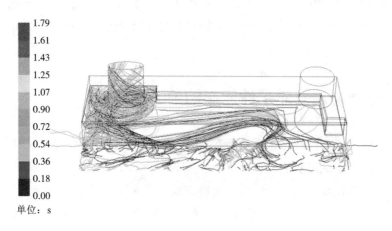

图 5 - 8　颗粒吸入后漏出现象

　　图 5 - 9 为气动循环除尘系统行驶速度对分级除尘效率的影响关系线图，从图中可以看出，不同粒径下的分级除尘效率均随着气动循环除尘系统行驶速度的提高而降低。当行驶速度较低时，粒径的变化对分级除尘效率影响不是很大，但是当行驶速度较高时，分级除尘效率随着粒径的变化有较为明显的改变。

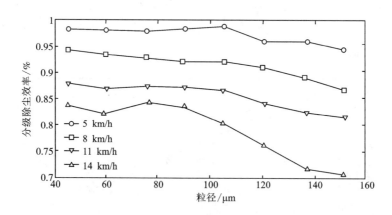

图 5 - 9　行驶速度对分级除尘效率的影响

　　行驶速度对内部的流场会产生一定的影响。当不同的粒径以相同的行驶速度行驶时，分级除尘效率随着粒径的增大而降低。其中，行驶速度为5 km/h

时,粒径在 45 ~ 152 μm 的变化过程中,分级除尘效率由 98.40% 变为 94.32%,下降了 4.08%;而行驶速度为 14 km/h 时,粒径在 45 ~ 152 μm 的变化过程中,分级除尘效率由 83.70% 变为 70.51%,下降了 13.19%。

当相同的粒径以不同的行驶速度行驶时,分级除尘效率随着行驶速度的提高而降低。其中:粒径为 45 μm 时,行驶速度在 5 ~ 14 km/h 变化过程中,分级除尘效率由 98.40% 变为 83.70%,下降了 14.70%;粒径为 152 μm 时,行驶速度在 5 ~ 14 km/h 的变化过程中,分级除尘效率由 94.32% 变为 70.51%,下降了 23.81%。结合总除尘效率和分级除尘效率可以看出,气动循环除尘系统低速运行时有利于尘粒物的吸取,当地面颗粒物较少时可以选择适当提高车速。

不同行驶速度下粒径的平均滞留时间如图 5 - 10 所示。在行驶速度由 5 km/h 提高到 14 km/h 的过程中,平均滞留时间随着行驶速度的提高而逐步缩短,且从平均滞留时间的变化趋势来看,其变化较为一致。

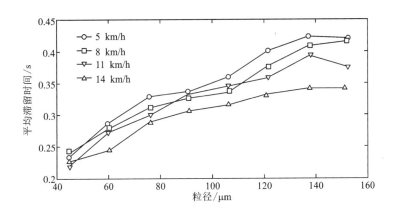

图 5 - 10　不同行驶速度下粒径的平均滞留时间

气动循环除尘系统行驶速度的改变对颗粒的平均滞留时间产生了一定的影响。当不同的粒径以相同的行驶速度行驶时,颗粒平均滞留时间随着粒径的增大而延长。其中,行驶速度为 5 km/h 时,粒径在 45 ~ 152 μm 的变化过程中,颗粒平均滞留时间由 0.232 s 变为 0.421 s,滞后了 0.189 s;而行驶速度为 14 km/h 时,粒径在 45 ~ 152 μm 的变化过程中,颗粒平均滞留时间由 0.223 s 变为 0.344 s,滞后了 0.121 s。

当相同的粒径以不同的行驶速度行驶时,颗粒平均滞留时间随着行驶速度的提高而缩短。其中，粒径为 45 μm 时，行驶速度在 5 ~ 14 km/h 的变化过程中，颗粒平均滞留时间由 0.232 变为 0.223 s，缩短了 0.009 s；粒径为 152 μm 时，行驶速度在 5 ~ 14 km/h 的变化过程中，颗粒平均滞留时间由 0.421 s 变为 0.344 s，缩短了 0.077 s。

逐渐提高的车速增大了气动循环除尘系统与地面颗粒物间的相对速度，缩短了颗粒物在内部的平均滞留时间。单纯从颗粒的平均滞留时间来看，车速的提高有助于颗粒物的吸拾，但是对比图 5 - 7 和图 5 - 9 可知，车速的提高不利于吸尘效率的提高，因此应合理地选择扫路车的行驶速度。

5.5　基于均匀设计和多元回归分析的气动循环除尘系统运行参数优化分析

5.5.1　气动循环除尘系统运行参数的均匀设计方法

(1)试验指标的确定。

由于运行参数的优化中涉及反吹风量，反吹风量过大易导致气流由前进气面吹出，FLUENT 软件不会对速度的矢量进行求和计算，因此观察前进气的平均速度较为不便。结合颗粒相对气动循环除尘系统的总除尘性能做出仿真计算，将总除尘效率作为试验指标，探寻气动循环除尘系统运行参数之间的主次关系和影响权重，试验指标确定如下：

试验指标 y，气动循环除尘系统总除尘效率(%)。

(2)试验因素及水平确定。

选择气动循环除尘系统的反吹风量、行驶速度、系统压降作为研究对象，展开了相关的单因素分析，发现三者均对除尘性能有一定的影响，最终确定均匀试验仍选择为 3 因素 4 水平均匀试验。

(3)均匀设计表的选择。

考虑到运行参数的因素二次项及因素间的交互作用，同样选择 $U_n(q^s)$ 类型均匀设计表。所设计的均匀设计仍为 3 因素 4 水平。为了研究因素间的交互作用，试验总数 $m = 10$，即试验次数最少为 10 次。所以同结构参数分析相类似，最终均匀设计表确定为 $U_{12}(4^3)$。

（4）试验方案编制。

根据 $U_{12}(4^3)$ 均匀设计表，结合选择的三个运行参数因素（反吹风量、行驶速度、系统压降）按照此表进行替换。利用 FLUENT 软件并结合上一章得出的最优结构，对相应的运行情况进行模拟仿真，提取试验指标——气动循环除尘系统的总除尘性能，结果如表 5.4 反吹式运行结构参数因素水平表所示。其中，考虑风机出口流量部分需分配到除尘箱过滤等问题，反吹风量最终确定范围为 1550 ~ 3120 m^3/h。

表 5.4　气动循环除尘系统运行参数因素水平表

NO.	x_1 反吹风量 /($m^3 \cdot h^{-1}$)	x_2 行驶速度 /($km \cdot h^{-1}$)	x_3 压降 /Pa	y 总除尘效率 /%
1	2570	8	1900	66.03
2	2570	14	2900	80.79
3	3120	14	1900	3.23
4	3120	5	2900	59.23
5	2073	8	2400	94.34
6	1550	11	2900	94.73
7	2073	5	1400	96.74
8	3120	8	1400	2.41
9	1550	5	2400	99.13
10	2570	11	2400	78.78
11	2073	11	1900	83.24
12	1550	14	1400	70.32

（5）结果处理与分析。

与反吹式结构参数的回归方程相类似，考虑到参数间的交互作用以及单个因素平方项的作用，该回归方程为三元二次多项式形式，多项式回归问题的处理通常可以转化为多元线性回归方程来解决。

通过整理计算可以得出统计数据如下。

令 $z_1 = x_1$、$z_2 = x_2$、$z_3 = x_3$、$z_4 = x_1^2$、$z_5 = x_2^2$、$z_6 = x_3^2$、$z_7 = x_1 x_2$、$z_8 = x_1 x_3$、$z_9 = x_2 x_3$，则回归方程可以转化为九元线性回归方程：

$$y = b_0 + b_1 z_1 + b_2 z_2 + b_3 z_3 + b_4 z_4 + b_5 z_5 + b_6 z_6 + b_7 z_7 + b_8 z_8 + b_9 z_9 + \cdots \quad (5-1)$$

各项因素相的均值为：$\bar{z}_1 = 2328.25$；$\bar{z}_2 = 9.50$；$\bar{z}_3 = 2150.00$；$\bar{z}_4 = 5759782.25$；$\bar{z}_5 = 101.50$；$\bar{z}_6 = 4935000.00$；$\bar{z}_7 = 22108.50$；$\bar{z}_8 = 5004091.00$；$\bar{z}_9 = 20425.00$；$\bar{y} = 69.08$；$n = 12$。

根据式（5-2）可以计算出 SS_1，SS_2，$\cdots$，SS_9：

$$SS_i = \sum_{j=1}^{n} (x_{ij} - \bar{x}_i)^2 \quad (5-2)$$

即 $SS_1 = 4068410.25$；$SS_2 = 135.00$；$SS_3 = 3750000.00$；$SS_4 = 89765771653742.30$；$SS_5 = 49707.00$；$SS_6 = 70087500000000.00$；$SS_7 = 22108.50$；$SS_8 = 5004091.00$；$SS_9 = 1013662500.00$。

根据式（5-3）可以计算出 SP_{12}、SP_{13}，$\cdots$，SP_{89}：

$$SP_{ik} = \sum_{j=1}^{n} (x_{ij} - \bar{x}_i)(x_{kj} - \bar{x}_k) = SP_{ki}(i、k = 1, 2, \cdots, 9; i \neq k) \quad (5-3)$$

结果如表 5.5 所示。

表 5.5　SP_{ik} 计算结果统计表

SP_{12}	SP_{13}	SP_{14}	SP_{15}	SP_{16}	SP_{17}
−118.50	−19750.00	19011920768.25	−2008.50	−78175000.00	38312014.00
SP_{18}	SP_{19}	SP_{23}	SP_{24}	SP_{25}	SP_{26}
8690768225.00	−160775.00	0.00	−613780.50	2565.00	0.000
SP_{27}	SP_{28}	SP_{29}	SP_{34}	SP_{35}	SP_{36}
313431.00	26850.00	250290.00	−102296750.00	0.000	16125000000.00
SP_{37}	SP_{38}	SP_{39}	SP_{45}	SP_{46}	SP_{47}
94000.00	8695225000.00	35625000.00	−549790.50	−131208275000.00	177622636918.50
SP_{48}	SP_{49}	SP_{56}	SP_{57}	SP_{58}	SP_{59}
40377194588425.00	−4727783575.00	9000000.00	5998821.00	22049850.00	5474250.00
SP_{67}	SP_{68}	SP_{69}	SP_{78}	SP_{79}	SP_{89}
−3093800000.00	37595292500000.00	154312500000.00	79399318550.00	698240150.00	79668702500.00

根据式（5-4）可以计算出 SP_{1y}，SP_{2y}，$\cdots$，SP_{9y}：

$$SP_{iy} = \sum_{j=1}^{n} (x_{ij} - \bar{x}_i)(y_j - \bar{y}) \qquad (5-4)$$

即 $SP_{1y} = \sum\limits_{j=1}^{9} (x_{1j} - \bar{x}_1)(y_j - \bar{y}) = -169718.64$；$SP_{2y} = -312.47$；$SP_{3y} = 78897.50$；$SP_{4y} = -839614982.50$；$SP_{5y} = -6027.65$；$SP_{6y} = 334126750.00$；$SP_{7y} = -2335829.27$；$SP_{8y} = -147041174.92$；$SP_{9y} = 221497.75$。

根据 $SS_y = \sum\limits_{j=1}^{n} (y_j - \bar{y})^2$ 可得 $SS_y = 12284.76$。

将上述统计数据计算值带入到式（5-5）中，得到 b_1，b_2，$\cdots$，b_m 的正规方程组：

$$\begin{cases} SS_1 b_1 + SP_{12} b_2 + \cdots + SP_{1m} b_m = SP_{1y} \\ SP_{21} b_1 + SS_{22} b_2 + \cdots + SP_{2m} b_m = SP_{2y} \\ \vdots \qquad \vdots \qquad \quad \vdots \qquad \quad \vdots \\ SP_{m1} b_1 + SP_{m2} b_2 + \cdots + SS_{mm} b_m = SP_{my} \end{cases} \qquad (5-5)$$

通过线性代数的相关计算方法可以得出系数矩阵的逆矩阵：

$C = A^{-1} =$

$$\begin{bmatrix} 4068410.25 & -118.50 & -19750.00 & 19011920768.25 & -2008.50 & -78175000.00 & 38312015.50 & 8690768225.00 & -160775.00 \\ & 135.00 & 0 & -613780.50 & 2565.00 & 0 & 313431.00 & 26850.00 & 290250.00 \\ & & 3750000.00 & -102296750.00 & 0 & 16125000000.00 & 94000.00 & 8695225000.00 & 35625000.00 \\ & & & 89765771653742.30 & -549790.50 & -131208275000.00 & 177622636918.50 & 40377194588424.00 & -427783575.00 \\ & & & & 49707.00 & 9000000.00 & 5998821.00 & 22049850.00 & 5474250.00 \\ & & & & & 70087500000000.00 & -3093800000.00 & 37595292500000.00 & 154312500000.00 \\ & & & & & & 1149435723.00 & 79399318550.00 & 698240150.00 \\ & & & & & & & 40471895669166.70 & 79668702500.00 \\ & & & & & & & & 1013662500.00 \end{bmatrix}^{-1} =$$

$$\begin{bmatrix} 0.0031 & -0.0590 & 0.0008 & 0 & 0.0106 & 0 & 0 & 0 & 0 \\ & 8.4157 & -0.1053 & 0 & -0.6625 & 0 & 0.0032 & 0 & -0.0015 \\ & & 0.0014 & 0 & 0.0087 & 0 & 0 & 0 & 0 \\ & & & 0 & 0 & 0 & 0 & 0 & 0 \\ & & & & 0.0662 & 0 & -0.0002 & 0 & 0 \\ & & & & & 0 & 0 & 0 & 0 \\ & & & & & & 0 & 0 & 0 \\ & & & & & & & 0 & 0 \\ & & & & & & & & 0 \end{bmatrix} = \begin{bmatrix} c_{11} & c_{12} & \cdots & c_{19} \\ c_{21} & c_{22} & \cdots & c_{29} \\ \vdots & \vdots & \ddots & \vdots \\ c_{91} & c_{92} & \cdots & c_{99} \end{bmatrix}$$

所以，回归方程的常数项 b_1，b_2，$\cdots$，b_m 的解可以用如下形式表示：

$$b = \begin{bmatrix} b_9 \\ b_9 \\ \vdots \\ b_9 \end{bmatrix} = \begin{bmatrix} c_{11} & c_{12} & \cdots & c_{19} \\ c_{21} & c_{22} & \cdots & c_{29} \\ \vdots & \vdots & \ddots & \vdots \\ c_{91} & c_{92} & \cdots & c_{99} \end{bmatrix} \begin{bmatrix} SP_{1y} \\ SP_{2y} \\ \vdots \\ SP_{9y} \end{bmatrix} = \begin{bmatrix} -0.28623 \\ 4.75292 \\ -0.17401 \\ 0.00001 \\ -1.50795 \\ -0.00001 \\ 0.00311 \\ 0.00007 \\ 0.00658 \end{bmatrix}$$

然而，$b_0 = \bar{y} - b_1 \bar{z}_1 - b_2 \bar{z}_2 - b_3 \bar{z}_3 - b_4 \bar{z}_4 - b_5 \bar{z}_5 - b_6 \bar{z}_6 - b_7 \bar{z}_7 - b_8 \bar{z}_8 - b_9 \bar{z}_9 = 619.66298$。

至此，气动循环除尘系统的总除尘效率与反吹风量、行驶速度、系统压降的三元二次回归方程为：

$$y = 619.66298 - 0.28623x_1 + 4.75292x_2 - 0.17401x_3 + 0.00001x_1^2 -$$
$$1.50795x_2^2 - 0.00001x_3^2 + 0.00311x_1x_2 + 0.00007x_1x_3 + 0.00658x_2x_3$$

5.5.2　气动循环除尘系统运行参数回归方程的显著性检验

(1)回归关系的显著性检验。

气动循环除尘系统结构参数的多元线性回归方程建立后，仍然需要对因变量 y 与三个自变量间的线性关系展开显著性检验，即对气动循环除尘系统运行参数的多元线性回归方程进行 F 检验的显著性检验。

将各统计数据值分别代入，列出方差分析表如表5.6所示。

表5.6　气动循环除尘系统结构参数线性回归方程方差分析表

方差来源	自由度	偏差平方和	方差	F 值
回归	9	12274.63	1363.85	269.01
离回归	2	10.14	5.07	
总计	11	12284.77		

查 F 值表可知 $F_{0.05(9,2)} = 19.38 < 269.01$，表明该气动循环除尘系统的总

除尘效率与反吹风量、行驶速度、系统压降存在极显著的线性关系，即该三元二次回归方程显著。

（2）偏回归系数的显著性检验。

上述的显著性是整体回归方程显著，说明该表达形式与模型内部因素关系较为相近，但并不表示每个因素与因变量 y 之间的线性关系显著。因而，需要对回归方程中每一项自变量进行 t 检验法的显著性检验。求出各自 t 统计量如表 5.7 所示。

表 5.7　t 统计量值

	t_{b_1}	t_{b_2}	t_{b_3}	t_{b_4}	t_{b_5}	t_{b_6}	t_{b_7}	t_{b_8}	t_{b_9}
值	2.8036	0.8914	2.5053	0.9289	3.1875	0.3596	1.4883	5.3905	2.9637

由 $df = n - m - 1 = 2$，查 t 值表可知 $t_{0.05(2)} = 4.303$，以此结果对比表 5.6 的结果可以看出，仅有 $|t_{b_8}| > t_{0.05(2)}$，说明偏回归系数 b_8 对回归方程的影响最为显著，其余项应该选择性剔除。

自变量间存在着的相关性使得剔除不显著的自变量时，按照一次剔除一个最不显著的原则，每剔除一个自变量需对回归方程进行重新构建，直至方程和偏回归系数均满足要求为止。最终经过 5 次剔除后得出气动循环除尘系统的总除尘效率与反吹风量、行驶速度、系统压降最终的回归方程为：

$$y = -87.98913690 + 0.17992545x_1 - 0.00004963x_1^2 - 0.00099563x_1x_2 +$$
$$0.00000919x_1x_3$$

此时，$F_{0.05(4, 7)} = 4.12 < 116.97$，表明该回归方程存在极显著的线性关系。而此时的偏回归系数 t 检验如表 5.8 所示。

表 5.8　t 统计量值

	t'_{b_1}	t'_{b_2}	t'_{b_3}	t'_{b_4}
值	7.5930	9.9874	5.8675	9.0298

由 $df = n - m - 1 = 7$，查 t 值表可知 $t_{0.05(7)} = 2.365$，以此结果对比表 5.7 的结果可以看出均满足要求，说明偏回归系数对回归方程的影响最为显著。

5.5.3 气动循环除尘系统运行参数优化结果及验证

对上述气动循环除尘系统运行参数回归方程的回归系数进行标准化处理，得出因素对试验指标——总除尘效率的影响主次关系，标准偏回归系数结果如表 5.9 所示。

表 5.9 回归分析系数处理

	x_1	x_1^2	$x_1 x_2$	$x_1 x_3$
回归系数	0.17992545	− 0.00004963	− 0.00099563	0.00000919
标准化	3.2743	− 4.2421	− 0.3046	0.5277

根据标准回归系数绝对值的大小可以判断出回归方程中各项对试验指标——总除尘效率的影响主次关系，其顺序为：$x_1^2 > x_1 > x_1 x_3 > x_1 x_2$。在此过程中，行驶速度和系统压降单独的影响可以忽略，转变为反吹风量与行驶速度交互作用以及反吹风量与系统压降交互作用。

结合 MATLAB 对回归方程进行求解最大值，最大值出现的运行参数配合为：反吹风量为 $x_1 = 2075$ m^3/h，运行速度为 $x_2 = 5$ km/h，系统压降为 $x_3 = 2403$ Pa。

对比 12 组试验发现，该参数配合也不在其中。因此需要按照此参数进行增加试验，以验证此结构参数组合的合理性。考虑到各运行参数的调整精度，选取反吹风量为 $x_1 = 2100$ m^3/h，运行速度为 $x_2 = 5$ km/h，系统压降为 $x_3 = 2400$ Pa。以此作为气动循环除尘系统的运行参数，重新进行模型验证计算，观察颗粒物在其内部的平均滞留时间，如图 5 − 11 所示。

从图 5 − 11 可以看出，反吹口的作用使颗粒物被吹到了吸尘口附近，最终被吸尘口吸入。在此过程中，颗粒最长滞留时间为 0.61 s，与原始运行参数且最优结构下最长滞留时间 0.84 s 相比，其缩短了 0.23 s，这对于颗粒物的吸入来说有着较大的改进。在最优运行参数组合下，其总除尘效率为 99.9%，与原始运行参数且最优结构下总除尘效率 96.1% 相比，其提高了 3.8%。其分级除尘效率如表 5.10 所示，粒径在 45 ~ 152 μm 变化过程中，分级除尘效率变化不大。

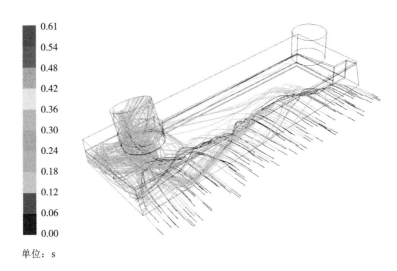

单位：s

图 5 - 11　颗粒运动轨迹及滞留时间

表 5.10　最优运行参数下分级除尘效率

粒径 /μm	45	60	76	91	106	121	137	152
分级除尘效率 /%	99.73	99.95	99.73	99.46	99.35	99.19	98.32	98.16

最优结果的验证再次说明了气动循环除尘系统回归方程的显著性是可接受的，因此可以根据不同的目标函数对方程进行求解，比如全国汽车标准化技术委员会发布的扫路车行业标准（QC/T51—2006）规定，吸扫式扫路车的除尘效率不低于 90% 即可，以此为条件对方程进行限制以实现更多参数的配比，实现不同产品的定位。

5.6　本章小结

在分析气动循环除尘系统工作原理后，对影响吸尘性能的运行参数进行了分析。选取气动循环除尘系统的反吹风量、系统压降和行驶速度三个运行参数为主要的影响因素，分别对其进行了单因素影响的 CFD 分析。再运用均匀优化设计和多元回归分析方法，研究了以上三个运行参数对吸尘性能的影响程度，并以气动循环除尘系统的总除尘效率作为优化目标，得出了包含因素交互作用在内的回归方程，研究结果如下。

（1）气动循环除尘系统的反吹风量、系统压降和行驶速度对气动循环除尘系统的吸尘性能有一定的影响。通过对其进行单因素影响分析发现，反吹风量的提高使得总除尘效率先升高后降低，系统压降升高有助于总除尘效率的提高，而行驶速度的提高使得总除尘效率下降。

（2）因素交互影响作用下，气动循环除尘系统的反吹风量和行驶速度的交互作用对气动循环除尘系统吸尘性能影响最大，其次是反吹风量和系统压降的交互作用。在此水平范围内，系统压降及行驶速度的交互作用较弱，可忽略不计。

（3）均匀优化设计结合多元回归分析法对气动循环除尘系统的运行参数进行吸尘性能优化分析是可行的，研究的结论对气动循环除尘系统的运行参数的设计具有指导意义。

第 6 章

气动循环除尘系统样机试制及试验研究

6.1　气动循环除尘系统样机试制

样机的尺寸为流道尺寸加上钢板厚度(3 mm)。对气动循环除尘系统的主要零件如上盖板、分腔挡板、反吹口及吸尘口进行下料,要将整张钢板进行切割处理。部分样机试制过程如图 6-1 所示。图 6-1(a)为系统上盖板、吸尘口、分腔挡板及后挡板的焊接装配图,其中需对内部钢板进行除锈处理,以免影响气流的流速,增加内部气流流动阻力,减少尘粒吸入量。图 6-1(b)为对侧面挡板进行焊接,样机初步形成,在此过程中需要检查焊缝处是否出现漏焊等,以免造成气动循环除尘系统漏风等现象。图 6-1(c)为测试样机,其中 4 个脚轮确定气动循环除尘系统工作时的离地高度。由于试验采用叉车作为其动力源,不安装入扫路车,因此不需要对样机的顶部进行吊耳、座板等装配件的焊接。

(a) 内部腔体除锈　　　　　　(b) 侧板焊接　　　　　　(c) 样机

图 6-1　样机焊接过程

为了避免夏天潮气重，使得气动循环除尘系统生锈，要使用角磨机对其进行除锈打磨后再对局部锈蚀处用砂纸打磨，清理打磨至表面清洁即可。将防锈漆与稀释剂搅拌均匀后刷在气动循环除尘系统的表面等处，底漆刷完后再刷面层。最终防锈处理后的气动循环除尘系统如图6-2所示。

图6-2　样机防锈处理后(侧面视图)

6.2　气动循环除尘系统样机性能测试前期准备

6.2.1　试验场地铺尘处理

为了避免在公路上测试影响交通及带来安全隐患等问题，试验场地选在校园内的柏油马路。试验场地为铺满尘粒的路面，扫取路面上的尘土将其均匀地铺放在此区域内，尘粒的分布密度约为 0.15 kg/m^2，以模拟路面尘负荷较为严重的情况(图6-3)。由于试验中没有垃圾箱与气动循环除尘系统相连接，不能对较大物体进行重力沉降，因此无法对大径颗粒物(如30 mm石块等)进行吸拾验证，以免石块被离心风机吸入后打坏叶轮，造成试验人员的人身危害等。

图 6 - 3　试验场地路面铺尘处理

6.2.2　试验所需主要测试仪器

流场内部风速测试常用设备及仪器包括叶轮式风速仪、热线风速计、电流转电压模块、数据采集器、直流电源、万用表、笔记本电脑等。由于对系统进行测试，传统的叶轮式风速仪不适合在流场布置，且其尺寸较大，影响内部流场流动特性，而热线风速计的重复性和高低风速跟随性等性能均要好于传统的叶轮式风速仪，因此选用天津凯士达研发生产的 Kasda - KV621 型数字风速传感器（单孔）（图 6 -4）。

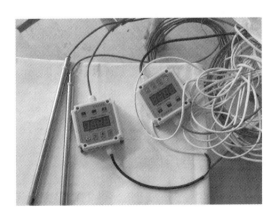

图 6 - 4　可变量程数字风速传感器

该传感器外壳采用耐高温防腐蚀的材料，适合在环境较恶劣及长期测试的条件下使用，具有较高的精度和稳定性强等特点，而且该传感器采用全量程标定，其线性和温度补偿均采用数字化显示，使用较为方便。

Kasda – KV621 型数字风速传感器的工作介质为空气；供电要求为 24 V（直流、交流均可）；量程可以在 0 ~ 70 m/s 内根据不同要求自行设置；测试精度为 4%；适用温度范围为 – 18 ~ 100℃；分辨率可以达到 0.01 m/MPS；输出方式为 0 ~ 20 mA 电流输出；探头长度可以根据实际测试需要按照 15 cm 整数倍进行加长处理。

信号的采集设备选用北京波普 WS – 5921/U60232 型 USB 数据采集仪（图 6 – 5），该采集仪的采集速度与工控机内插入采集卡相接近，适合在测试现场配合笔记本一同使用。选用由北京波普公司自行研发的 Vib'SYS 软件对气动循环除尘系统内部的风速进行数据采集、处理和分析等，该软件。本测试中采样频率设置为 100 Hz。

图 6 – 5　数据采集装置

6.2.3　测试用电流转电压模块校准

测试用的 Kasda – KV621 型数字风速传感器的输出方式为 4 ~ 20 mA 电流输出。由于数据采集端为北京波普 WS – 5921/U60232 型 USB 数据采集仪，因此需要将传感器输出的电流值转换为电压值。转换用的模块如图 6 – 6 所示，模块的校准直接决定了 WS – 5921/U60232 型 USB 数据采集仪采集数据的准确性。

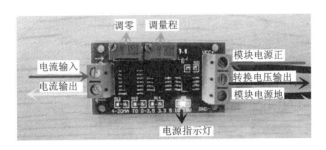

图 6 - 6　模块上电示意图

　　模块可以根据需要自行调整其电压输出范围,选用 4 ~ 20 mA 转为 0 ~ 5 V
电压输出。根据测试的量程和电压需要,对电流转电压模块进行校准,其校准
接线电路示意图如 6 - 7 所示。

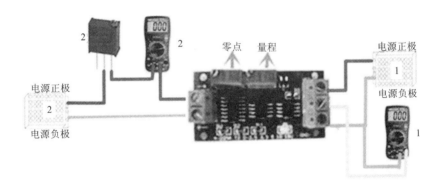

图 6 - 7　模块校准接线图

　　由于没有电流发生器,所以采用零点电位器对模块进行校准。两块万用表
的作用为:表 1 并联在模块的电压输出端和模块接地端,调整到电压档,用以
观测模块电流转换为电压后的输出值;表 2 串联在模块的电流输入端和电位器
之间,调整到电流档,用以观测输入模块内的电流值。

　　电路通电后首先转动电位器 2,通过调整电阻实现电流的转变,当万用表 2
的显示为 4 mA 时,说明输入的电流为 4 mA。接下来调整模块上的零点电位
器,其作用是对模块进行校准,当万用表 1 显示为 0 V 时,说明 4 mA 的电流进
入后转换为 0 V 的电压值,至此模块的零点校正完毕。

　　零点校正完毕后需要对模块进行量程校准，选用 4 ~ 20 mA 转为 0 ~ 5 V 电压输出，即 20 mA 的电流输入后电压输出为 5 V。继续调整电位器 2，当万用表 2 显示 20 mA 时，说明模块输入电流为 20 mA。转动模块上的量程调节旋钮直至万用表 1 上显示为 5 V。如果需要调整为 4 ~ 20 mA 转为 0 ~ 10 V 量程范围，只需要在零点校准的基础上调整此处，直至电压表 1 输出自己需要的电压值。至此，模块量程调整完毕，即对模块校准完毕。图 6 - 8 为模块校准实测数据图，由于均是手动调节电位器等旋钮，难免有些偏差。

(a) 4 mA 电流输入测试

(b) 19.04 mA 电流输入测试

图 6 - 8　模块校准实测数据图

6.2.4　现场测试系统布置

　　模块校准后，其作为电压输出端需要与数据采集装置相连接，北京波普 WS - 5921/U60232 型 USB 数据采集仪的信号接入端是 BNC 接头，因此需要对模块的电压输出端进行如图 6 - 9 所示的接头转换。将一个 BNC 的同轴电缆用拔线钳子拨开后，将其内部的中心铜线与电流转电压模块的转换电压输出端相连接，并用螺丝刀将其拧紧固定。网状导电层则拧成一股，与直流电压的 GND 端相连接并实现共地，此时输出的信号便与 BNC 接头相通。

　　将传感器的电流输出端正极与电流转电压模块的电流输入端相连接，电压输出端连接 BNC 接头后与北京波普 WS - 5921/U60232 相连接，传感器及模块的供电均采用 24 V 的直流电压，其余的接线均回到直流电源的 GND 端实现共

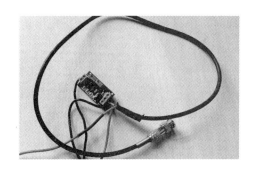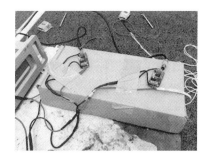

图 6 - 9　模块与 BNC 接头连线

地。由于本次测试采用 2 路传感器同时测量,因此需要两个通道。同时,气动循环除尘系统是移动测试,因此需要准备足够长的传感器接线,以免造成线短等不便条件。最终试验现场测试系统如图 6 - 10 所示。

图 6 - 10　试验现场测试系统

6.3　气动循环除尘系统样机试验测试方案

6.3.1　气动循环除尘系统样机试验内容确定

为了验证 CFD 仿真模拟的准确性,结合扫路车行业标准(QC/T51—2006)和路面清扫车行业标准(JB/T 7303—2007),选取气动循环除尘系统的内部测点速度和总除尘效率为对比验证指标，通过对测试数据的整理和分析得出仿真模拟的正确性与否。

针对试制的样机进行相应的工况测试，主要包括：低速作业时，内部测点速度测试及总除尘效率；高速作业时，内部测点速度测试及总除尘效率；不同路面尘负荷量除尘效率测试对比。

6.3.2　气动循环除尘系统样机性能测试方案选取

（1）除尘效率测试方法。

除尘效率的测试常采用浓度计算法和质量计算法两种。

①浓度计算法：假设气动循环除尘系统结构严密，不存在漏风、漏尘等现象，则气动循环除尘系统前进气面进入的风量与吸尘口出口风量相等。根据公式（6-1）可以计算出气动循环除尘系统的总除尘效率：

$$\eta = \frac{SC_1 - SC_2}{SC_1} \times 100\% \tag{6-1}$$

式中：S 是气动循环除尘系统处理的空气量，m^3/s；C_1 是气动循环除尘系统进口空气的含尘浓度，g/m^3；C_2 是气动循环除尘系统进口空气的含尘浓度，g/m^3。

②质量计算法：已知气动循环除尘系统出口流出的粉尘质量占进入系统内部的总质量的百分比，则根据公式（6-2）可以计算出气动循环除尘系统的总除尘效率：

$$\eta = \frac{G_3}{G_1} \times 100\% = \frac{G_1 - G_2}{G_1} \times 100\% = \cdots \tag{6-2}$$

式中：G_1 是进入气动循环除尘系统的总共粉尘质量，g；G_2 是从气动循环除尘系统吸尘口流出的粉尘质量，g；G_3 是试验地面剩余的粉尘质量，g。

对比以上两种方法可以发现，浓度计算法需要知道气动循环除尘系统的前进气面尘粒浓度和吸尘口出口处的尘粒浓度。尘土与风的混合物属于流体力学中典型的气固两相流，其浓度测试难度较大。鉴于此，一般选择第二种质量计算法来计算总除尘效率。

（2）吸尘口负压及反吹口风量的风机选用。

根据运行参数优化的结果可知，气动循环除尘系统的压降为 2400 Pa，其中吸尘口的负压值为 -2300 Pa，反吹口入口压强为 108 Pa，入口风量为 2100 m^3/h。为了能够模拟与扫路车相连通的状态，考虑到连接管路及风机自身压损的误差,选择的风机全压为 2400 Pa[图 6 - 11(a)],以此来模拟吸尘口处与扫路车垃圾箱的连接。

　　风机的进风口与出风口通过排风软管与吸尘口相连接,对其进行出口变径处理,定做渐变接管以实现变径,如图 6 - 11(b)所示。

　　进出风口的软管选用骨架式铝箔软管,具有较强的承压性和耐磨损性[图 6 - 11(c)],软管与渐变接管用喉箍锁紧固定。

(a)试验选用的风机　　　　　　　　(b)风机进口变径转化后

(c)风机进出口软管连接

图 6 - 11　试验所选取的风机及其参数指标

　　根据扫路车工作原理可知,反吹风量经由离心除尘后进入气动循环除尘系统的反吹口中,其含尘量相对较少。因此为了模拟反吹风量,选取轴流风机与反吹风口相连接,实现反吹风量的送入(图 6 - 12)。该轴流风机的转速为 2900 r/min,风量为 2100 m³/h,功率为 0.25 kW,电压为 380 V。为了保证轴流风机与反吹口连接的稳定性和密封性,通常在其连接处周边打上发泡胶做密闭处理。

图 6 – 12　轴流风机

6.3.3　气动循环除尘系统样机内部流场测点位置布置

验证仿真模拟的正确性需要对气动循环除尘系统内部的测点进行流场速度测试，根据文献[100]提出的测试方法，选择系统行驶方向的正前方为测试方向。为了测试内部流场速度不得不对其进行钻孔处理，以方便传感器的穿入与固定。传感器的探针如图 6 – 13 所示，该探针处豁口需要与进风方向相平行，因此固定此传感器时需要注意豁口方向的调整。

图 6 – 13　传感器探针

传感器测试位置的选取需要注意以下几点。

①钻孔应该尽量少，因为较多的孔隙容易产生不必要的漏风，且在吸尘工作时易产生漏尘现象，不利于颗粒物的吸拾和吸尘功率的提高，间接地降低了气动循环除尘系统的除尘性能。

②一次性测试较多的测试点，会带来风速传感器布置较多的问题。传感器布置过多，会影响气动循环除尘系统内部的流场特性，在传感器处易产生绕流等问题，不但影响测试的精度，而且还会增加传感器的购买成本。

③由于传感器探针的结构特点，故在传感器测试时需要调整其朝向，尽量保持其与所测风向一致，以免出现测试数据不准确等问题。

④不同位置的测试速度一般较不接近，合理选择及调整传感器的工作量程，以实现对气动循环除尘系统内部测点高精度的测量。

鉴于以上四点意见，本次测试有两种测试方法可供选择，分别如图 6 - 14 所示。图 6 - 14（a）的测试位置与文献[100]测点布置相类似，放置在气动循环除尘系统的正前方，通过法兰盘山的螺栓进行锁紧固定。图 6 - 14（b）的测试位置与文献[98]测点布置相类似，在气动循环除尘系统的后侧挡板处开孔，传感器的固定同样由安装在气动循环除尘系统的法兰盘上的螺栓进行锁紧固定，以实现不同测试位置的变化调整。

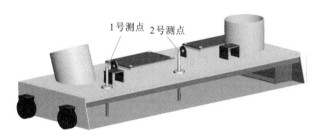

(a) 内部测点布置

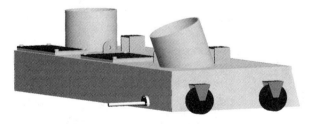

(b) 近地面处测点布置

图 6 - 14　传感器测点位置

图 6 - 14(b)位置测量时，由于该传感器可以实现长度为 15 cm 的整数倍加长处理，应考虑到后侧挡板开孔插入传感器后与后面的动力源叉车形成尺寸干涉。当在图 6 - 14(b)测点位置进行测试时，如果宽度的轴向坐标小于 15 cm，可以采用正常的风速传感器；如果宽度的轴向坐标大于 15 cm，可以使用 45 cm 长探头，以满足不同测点位置的测试需要。

结合本模型的特点，一方面，由于尺寸干涉需要不断调整传感器测试探头长度；另一方面，由于图 6 - 14(b)的测试需要调整不同位置后进行多次测量取平均值，且需要调整相同的路面尘负荷量，而铺尘较为随便，不好控制每次测试均能达到近似或一致的效果，会给测试精确度带来一定误差。综上分析，一般选择图 6 - 14(a)的测试方法对气动循环除尘系统的内部测点进行测量。

6.4　气动循环除尘系统样机的试验结果及分析

6.4.1　测试前系统调试及传感器量程确定

在正式启动之前对离心风机和轴流风机的电线接线进行确认，由于离心风机和轴流风机均采用 380 V 动力电，要注意避免在行驶过程中出现触电危险和电路故障。

测试人员在测试前须对传感器的测点位置进行校准，同时对传感器的固定进行确认，锁紧法兰盘上的螺栓，以免在工作过程中出现传感器掉落和测点位置移动等现象。测试前传感器测点位置及风机等接电确认如图 6 - 15 所示。

图 6 - 15　测试前传感器测点位置及风机接电确认

本试验选用的 Kasda – KV621 的量程可以根据用户需求自行调整,以获得获得高精度的测试结果。在正式测量之前需要对传感器的量程进行确定。

将两路传感器的量程均先调节到最大量程范围 0 ~ 75 m/s,通过数显端对其测试值的范围进行初步确定。接通 380 V 电源以及传感器等测试系统的电源,待离心风机和轴流风机运转稳定后观察两个传感器的数显端,其中气动循环除尘系统的外侧传感器显示为 30 m/s 左右,表明此处的风速大约为 30 m/s;气动循环除尘系统的中间位置传感器的显示为 28 m/s 左右。

为了避免测量时超量程,将两路传感器的量程均设置为 0 ~ 35 m/s。由于电流转电压模块是 4 ~ 20 mA 转 0 ~ 5 V 电压输出,因此两路风速传感器的灵敏度 K 值确定,均为 7。

6.4.2　低速作业时测点速度试验结果分析

扫路车的作业速度一般较低,按照作业速度可以将其分为低速扫路车和高速扫路车。其中,3 ~ 10 km/h 为低速作业,11 km/h 以上属于高速扫路车。根据第 5 章的运行参数优化结果可知,其运行速度建议为 5 km/h,属于低速运行阶段。

按照图 6 – 14(a)的测点布置方法对气动循环除尘系统的内部测点进行布置,测点距离地面20 mm 高,待风机转速稳定后,叉车以 5 km/h 的行驶速度推动气动循环除尘系统进行移动,其 1、2 号传感器测试位置的数据和仿真对比值如图 6 – 16 所示。

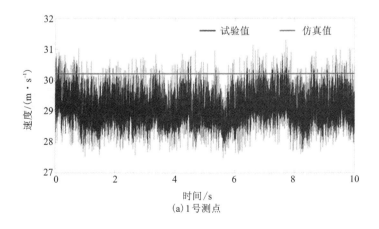

(a)1号测点

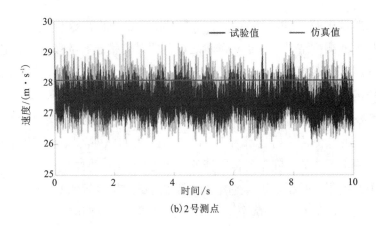

(b)2号测点

图 6 – 16 低速作业时试验值与仿真值对比

对比试验值和仿真值可以发现,1 号测点的试验值要高于 2 号,这是因为 1 号测点距离吸尘口较近,因此其周边气流流动速度较高。仿真值和试验值较为接近,说明 CFD 的模拟分析的结果可信。仿真值和试验值存在偏差的主要原因在于尘粒模型的不同以及 CFD 仿真中一切均是理想状态,不存在漏风等情况。

6.4.3 高速作业时测点速度试验结果分析

按照低速作业时的相同测试方法,即按照图 6 – 14(a) 的测点布置方法,待风机转速稳定后,叉车以 15 km/h 的行驶速度推动气动循环除尘系统进行移动,其 1、2 号传感器测试位置的数据和仿真对比值如图 6 – 17 所示。

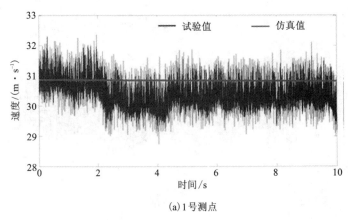

(a)1号测点

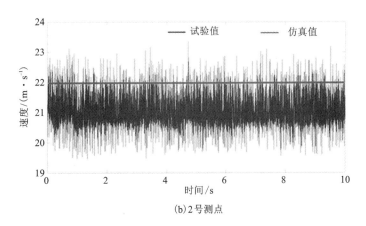

(b) 2 号测点

图 6 - 17　高速作业时试验值与仿真值对比

对比高速行驶的气动循环除尘系统试验值和仿真值可以发现，1 号测点的试验值依然要高于 2 号，虽然行驶速度有较大的幅度的提高，但是测点位置的确定依旧满足吸尘口周边气流流动速度较高的特点。

与低速作业对比发现，内部的流场速度在吸尘口附近的 1 号测点处变化不大，但是在 2 号测点处出现了较大的变化，说明车速的提高对远离吸尘口部分的流场产生了一定的影响。2 号测点速度的降低对除尘性能的影响需要进一步验证。从气动循环除尘系统内部流场速度测点的低速和高速作业情况的结果可以看出 CFD 流场模拟的正确性，表明 CFD 技术对气动循环除尘系统的设计具有一定的指导意义。

6.4.4　不同车速下除尘性能试验结果分析

根据 6.3.2 节中确定的采用质量计算法来计算气动循环除尘系统的除尘效率，即通过计算吸尘前后地面颗粒物的质量来对除尘效率进行估计。虽然在颗粒物的扫取及称重过程中存在着一定的人为误差，但是其结果依旧具有一定的指导性。除尘效率的试验称重结果和 CFD 模拟结果对比如图 6 - 18 所示。

除尘效率均随着车速的提高而不断降低，从图 6 - 16 和图 6 - 17 的对比中可以看出内部测点的速度变化对颗粒的吸拾造成了一定的影响。同时，气动循环除尘系统行驶速度的提高增加了其与颗粒间的相对速度，对尘粒的吸拾不利，造成了除尘效率的下降。根据式(6 - 3)对除尘效率的结果进行计算，除尘

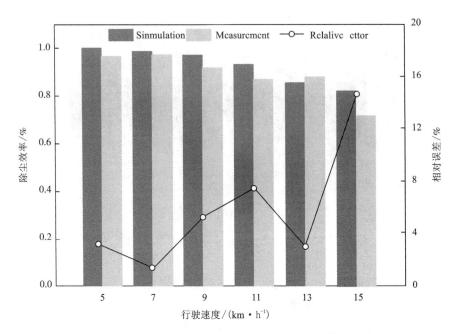

图 6 – 18   不同行驶速度下除尘效率结果对比

效率的最大相对误差为 12.31%, 最小相对误差为 1.01%, 平均相对误差为 6.53%, 满足除尘性能误差在 10% 以内的要求, 因此说明 CFD 对气动循环除尘系统的模拟计算方法是可行的。

$$\Delta p = \left| \frac{p_{\text{计算}} - p_{\text{试验}}}{p_{\text{试验}}} \right| \times 100\% \qquad (6-3)$$

式中: Δp 是相对误差; $p_{\text{计算}}$ 是仿真计算值; $p_{\text{试验}}$ 是试验测得值。

图 6 – 19 是作业前后吸尘效果对比, 可以看出低速行驶时其除尘效率较高。如果地面尘粒相对较少, 即路面尘负荷较低时可以选择高速作业。

图 6-19　作业前后吸尘效果对比

6.5　本章小结

　　本章重点进行了气动循环除尘系统的样机试制及相关测试试验研究。为验证优化后的气动循环除尘系统流场模拟和除尘效率计算的正确性和可靠性,进行了新结构的样机试制、内部测点速度测试及总除尘效率计算。详细地描述了样机试制、试验设备、测试方法、测试系统调试以及具体的试验测试过程,并对测试获得的数据进行了处理和分析以及与 CFD 仿真值进行了对比。试验值和仿真值的对比结果表明,气动循环除尘系统的运行参数配合对其总除尘效率有一定的影响,在相同运行参数配合下,行驶速度越低越有利于吸尘效率的提高。验证了 CFD 数值模拟分析的正确性和可靠性,进而为工程实际中气动循环除尘系统的结构设计、运行参数设计以及试验测试提供了可参考的理论方法、虚拟样机仿真分析方法以及切实可行的气动循环除尘系统吸尘性能测试方法。

第 7 章

基于 FLUENT – Edem 耦合的颗粒分离特性分析

7.1　FLUENT – Edem 耦合模型气固介质物性设置

（1）模拟过程中的参数。

气体相为常温下的空气，颗粒相是直径为 0.6 mm 的球形颗粒，空气从空气入口进入，速度为 18 m/s，在流动过程中起着吹扫颗粒的作用。颗粒从前侧扩展区中进入，速度为 3 m/s，在 5 秒内生成 50000 个颗粒。固体相与流体相的详细参数如表 7.1 所示。

表 7.1　气固两相详细参数

固体相	数值
颗粒材料泊松比	0.3
颗粒材料剪切模量/Pa	2.3×10^{7}
颗粒材料密度/（kg·m^{-3}）	2000
壁面材料泊松比	0.3
壁面材料剪切模量/Pa	7×10^{10}
壁面材料密度/（kg·m^{-3}）	7800
颗粒 – 颗粒恢复系数	0.5

续表 7.1

固体相	数值
颗粒－颗粒静摩擦系数	0.545
颗粒－颗粒动摩擦系数	0.01
颗粒－壁面恢复系数	0.5
颗粒－壁面静摩擦系数	0.5
颗粒－壁面动摩擦系数	0.01
颗粒半径/mm	0.6
颗粒初速度/$(\mathrm{m}\cdot\mathrm{s}^{-1})$	3
颗粒生成速度/$(个\cdot\mathrm{s}^{-1})$	10000
流体相	数值
黏度/$(\mathrm{kg}\cdot\mathrm{m}^{-1}\cdot\mathrm{s}^{-1})$	1.7894×10^{-5}
密度/$(\mathrm{kg}\cdot\mathrm{m}^{-3})$	1.225
入口速度/$(\mathrm{m}\cdot\mathrm{s}^{-1})$	18
时间步长/s	0.005

（2）FLUENT－Edem 耦合模拟中相关设置。

①FLUENT。FLUENT 进行气体相的相关数值计算。打开 FLUENT 软件并导入网格，在 General 界面选择 time 类型为 transient；重力方向为 $-y$；模型选择 standard $k-\varepsilon$，相关参数默认；边界条件设置，气体入口设置为速度入口，速度为 18 m/s，入口处的湍流强度为 3.39%，湍动直径为 0.2m，气体出口设置为压力出口，压力为 -5000 Pa；迭代时间步长为 0.005 s，时间步数量为 2000 次，每个时间步迭代最大次数为 20 次。

②Edem。在 Edem 软件中，颗粒－壁面与颗粒－颗粒之间的相互作用均选用 Hertz－Mindlin 接触模型，重力与 FLUENT 中的选择一致。颗粒－颗粒与颗粒－壁面的相关接触参数如表 7.1 所示。在 Creator 的 particles 界面创建一个直径 0.6 mm 的颗粒；在 Geometry 界面设置各个面的属性并创建 Factory；在 Factory 界面设置颗粒工厂属性；在 Simulator 界面设置时间步使 Rayleightimestep 在 20%~40%，并且每隔 0.01 s 保存一次数据。

③FLUENT－Edem 耦合界面设置。由于颗粒相的体积分数小于 10%，所以耦合模拟方式采用 Eulerian－Lagrangian 双向耦合模拟方法，耦合界面中样品点为 10，MTM 松弛因子为 0.7，容积松弛因子为 0.7，热源松弛因子为 0.7。

7.2 FLUENT – Edem 耦合结果流场特性分析

(1)流体相特性分析。

如图 7 –1 所示,从上到下分别为 $X = -0.3$ m、-0.15 m、0.3 m、0.6 m、0.9 m、1.05 m 时对应的 $Y - Z$ 截面的压力云图。由图 7 –1 可知在扩展域中压力分布比较均匀。在离地间隙缝隙处,根据颜色的变化可以看出缝隙处的压力变化是一个渐变过程,并且不同位置的压力并不相同,这说明设置扩展域的必要性,因为单独的设置缝隙为入口并不能代表实际工况。在流场中,最大负压为压力出口处,为 –6000 Pa 左右,最小负压在扩展域处,接近 0 Pa。通过观察图 7 –1 所示的压力云图可知,隔板上方的压力从左到右呈现出紊乱的状态,这是因为吹扫口在设备的右边,气体的流动状态复杂,湍流程度较大,而越往左边气体流动的湍流程度越小,其压力梯度就越小。由 $X = -0.3$ m、-0.15 m 所对应的截面可知,在 Y 方向上设备中负压呈现中间大、两边小的趋势,并且在气流出口的管道内也同样呈现出此趋势。由 $X = 0.9$ m 所对应的截面的压力云图发现,在进气口正下方的中心处负压较小,并且以圆环的趋势向周围扩散,这是由于气流在进入后,撞击到隔流板使动能转化为压力能,导致绝对压力增大。除此之外还可以知道,此处由于气流的冲击容易受到磨损,这为模型的优化提供了一种新的方法。

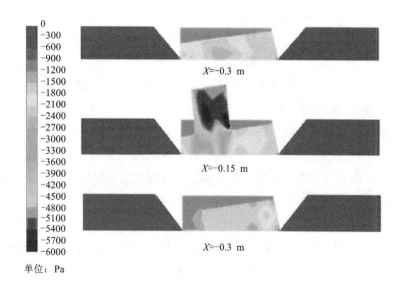

单位: Pa

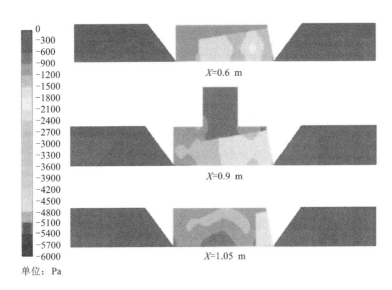

图 7 – 1　流域中 Y – Z 平面随 X 轴分布情况

如图 7 – 2 所示，从上到下分别为 $Y = -0.05$ m、-0.15 m、-0.25 m 时对应的 X – Z 截面的压力云图。在气流入口处压力分布均匀。在气流出口处，结合上图中 $X = -0.15$ m 处对应的压力云图，出口处呈现出中间负压大、四周负压小的趋势。在 X 轴方向整体呈现左侧负压大于右侧负压的趋势。

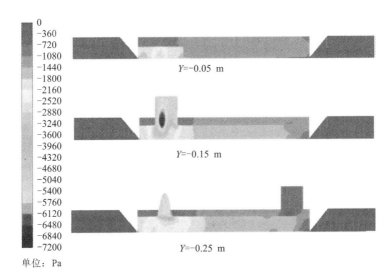

图 7 – 2　流域中 X – Z 平面随 Y 轴分布情况

（2）颗粒的运动特性分析。

如图 7-3（a）所示，EDEM 颗粒工厂设置在装置的前侧扩展域，并且颗粒工厂以每秒 10000 个颗粒的速度产生颗粒，共产生 5 s。在模拟结束后观察颗粒的运动状况，发现模拟中颗粒的运动并不理想。在颗粒产生的一段时间内，观察颗粒群的运动状况可以发现颗粒的流线如图 7-3（b）所示，由于装置底面与地面存在缝隙，颗粒在运动过程中会从左侧、后侧的缝隙溜走，除此之外还出现了颗粒被气流从前侧反吹出设备的现象。

（a）颗粒产生位置   （b）部分颗粒迹线图

图 7-3　颗粒产生位置及颗粒轨迹

一般情况下，出现上述情形是正常的，但是在进行颗粒数量检测，并将各个检测区域经过的颗粒数量标出时，得到数据如图 7-4 所示。左侧逃出颗粒 1071 颗，后侧逃出颗粒 2867 个，前侧被吹出颗粒 3729 个。而在模拟中共生成 50000 个颗粒，经过计算可得吸尘效率只有 84.67%。

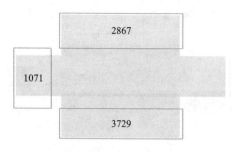

图 7-4　模拟完成后颗粒数量检测示意图

前侧反吹颗粒的现象是由于吹扫气流过大，使得颗粒在进入设备后向前的速度迅速减小，并且在气流的作用下获得反向的速度。在减小吹扫气流速度进行模拟后发现，虽然前侧反吹颗粒减小，但是从左侧、后侧底面与地面的缝隙逃逸的颗粒数量却增加了，对颗粒的回收率并没有太大的改善。

综上所述，本节使用 FLUENT – Edem 耦合方法应用 Eulerian – Lagrangian 两相流模型，对吹扫式真空吸尘装备的气固两相流进行了初步模拟，并对模型的结构、网格的划分、相关参数的设置及模拟中的关键步骤进行详细描述。对气相流体的压力云图的特征进行分析，发现在气流出口处的压力在 X 方向上分布比较均匀、在 Y 轴方向上呈现中间大两边小的趋势。对颗粒相进行分析，通过分析颗粒的迹线，发现颗粒从前侧、左侧和后侧漏出，导致颗粒的回收率只有 84.67% 。总的来说，模拟结果显示 FLUENT – Edem 耦合模拟方法对于本研究是可行的。

7.3　气动循环除尘系统结构的适应性设计

基于 Eulerian – Lagrangian 模型的 FLUENT – Edem 耦合模拟方法对本研究呈现出良好的适用性，FLUENT 软件可以做到流场可视化，通过呈现不同截面的压力云图，帮助认识与分析流场。Edem 软件可以呈现出颗粒的运动状态，并且通过颗粒的迹线做到颗粒轨迹的可视化。但是由于装置结构的缺陷，使颗粒出现逃逸的状况，颗粒的回收率低于期望值。

针对上述问题，对原始模型进行修改。由于抽取流道过程比较烦琐，所以优化模型可以直接在原始模型抽取的流道模型上进行修改。优化模型对于原始模型的修改分为两个方面。

（1）设备前侧离地缝隙增大。

前侧逃逸颗粒的主要原因是吹扫气流的速度过大。在上节的模拟中发现，在减小吹扫气速后，虽然前侧逃逸颗粒的数量减小，但从左侧、后侧缝隙中逃逸颗粒的数量增大，总的来说颗粒回收率并没有太大的改善，因此这种减小吹扫气流速度的方法并不合适。思考后发现，虽然无法减小吹扫气速，但可以通过增大前侧缝隙进口气速来达到同样的效果，如图 7 – 5 所示，前侧离地缝隙要比其他三侧离地缝隙稍大。

（2）在颗粒出口处添加挡板。

图 7 – 5　前侧缝隙增大示意图

如图 7 – 6(a)所示,在原始模型中,颗粒出口位于吸尘区域的偏中间位置的上方,这种结构会使吸尘口吸入颗粒时的工作区域变大。在接近出口处没有轨道或者壁面的限制,并且颗粒的活动区域内存在直角等死区,这些都是导致颗粒运动状况复杂的因素。

文献[112]的研究结果发现,环形挡板能够降低固体颗粒的分散程度,因此针对上述缺陷,在出口处增加如图 7 – 6(b)所示的环形挡板。环形挡板的存在不仅能限制颗粒减小其活动的空间,还对颗粒起到了一定的导流的作用,也消除了原本存在的死区。

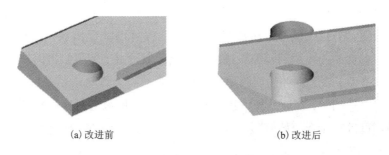

(a) 改进前　　　　　　　　　　　　　(b) 改进后

图 7 – 6　颗粒出口处模型适应性优化

(3)气体相特性分析。

图 7 – 7 为优化模型 $Y – Z$ 平面随 X 轴分布情况,图 7 – 8 为优化模型 $X – Z$ 平面随 Y 轴分布情况。

将图 7 – 1 与图 7 – 7 比较发现,优化模型与原始模型隔流板上方压力云图随 X 轴变化趋势基本一致,并且从 $X = 0.3$ m、0.6 m、0.9 m、1.05 m 对应截面的压力云图对比中可以发现,结构的右半部分的压力云图在数值上有变化,但是总体变化趋势基本一致。在结构的左半部分，特别是从 $X = -0.15$ m 所对应的截面发现，优化模型中出口管道处压力分布情况与原始模型趋势相同，均为中间部分较大、两侧部分较小，但相对于优化模型，原始模型变化的梯度较小。在压力数值方面，原始模型最大负压为 -6000 Pa 左右，优化后模型的最大负压达到了 -8000 Pa 左右，两模型之间相差近 2000 Pa。上述均为修改模型后对模型中流场的影响，并且由于气流与弧形挡板撞击，靠近壁面的那一侧绝对压强增大，即负压减小。

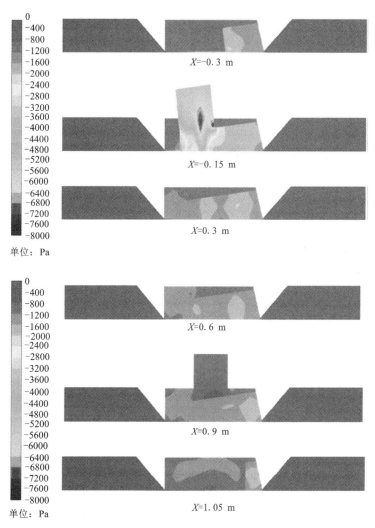

图 7 - 7 优化模型流域中 $Y - Z$ 平面随 X 轴分布情况

将图 7 - 2 与图 7 - 8 比较发现,在隔板区域下的压力沿 X 方向区别较大,特别在出口处由 $Y = -0.15$ m 对应的压力云图发现,压力最大的区域向右方进行了偏移。这主要是因为弧形挡板的存在减小了模型左侧区域的空间,使得流场向右进行了一定的偏移。

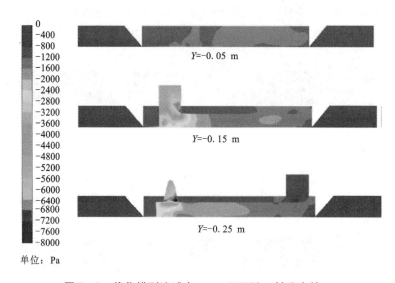

图 7 - 8 优化模型流域中 $X - Z$ 平面随 Y 轴分布情况

(4)颗粒相模拟结果。

在模拟完成后对颗粒数量检测,并将各个检测区域经过的颗粒数量标出,得到数据如图 7 - 9 所示。由图中可以看到,从设备前侧、左侧、后侧共逃逸出颗粒 192 个,与原始模型逃逸的 7667 个相比,数量相差非常大。与原始模型的模拟一致,在整个过程中一共产生颗粒 50000 个,优化模型的颗粒回收率达到了 99.63%,与原始模型的回收率 84.67% 相比得到了很大的提升。

对原始模型进行了两个方面的修改,针对颗粒被从前侧缝隙吹出的缺点,增大前侧离地间隙以及在颗粒出口处添加挡板。在对模型进行网格划分、耦合模拟设置、耦合模拟后进行结果分析,发现装备右侧的流场的趋势基本一致,而设备左边的流场由于添加了挡板使得气体流场发生了很大的改变。其中改变最大的是气流出口处的压力分布变得不均匀,压力梯度增大,最大负压与原始模型相比增大了近 2000 Pa,并且负压最大处向右进行了偏移。在 Edem 中通过对颗粒数量进行的检测发现,颗粒的回收率达到了 99.63%。结果表明:对装置结构的优化大大地增加了装置的工作性能。下面将对提高颗粒回收率的因素进行分析。

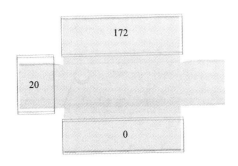

图 7 – 9　优化模型模拟结果

7.4　影响颗粒分离效率因素分析

7.4.1　颗粒入口处气体速度

上文简要说明了对颗粒被反吹进前侧入口原因的猜想,是由于吹扫气过大从而将颗粒从前侧吹出。模拟试验证明,通过减小吹扫气速并不能有效提高颗粒回收率,因此采用增大前侧离地缝隙以增大前侧缝隙进入气流速度的方法。

图 7 – 10 所示为模型优化前后前侧缝隙气流速度分布图。由前侧入口处的速度云图可知,颗粒入口的气体速度均为中间大、四周小,变化趋势大致相同。但从两模型数值上来看,优化模型的前侧进气口最大气流速度为 12 m/s 左右,原始模型的前侧进气口的最大气流速度为 9 m/s。两模型前侧进气口处的对比证明了此方法预测的准确性,增大前侧离地缝隙会增大前侧气体入口处的气流速度,从而解决了颗粒被反吹出设备的问题。

如图 7 – 11 所示,矩形形状的阴影部分为颗粒工厂,颗粒的运动方向为 Y 轴正方向。由图 7 – 11(a)可以明显看到颗粒被反吹出前侧缝隙,而图 7 – 11(b)的前侧扩展域几乎没有被反吹出的颗粒。

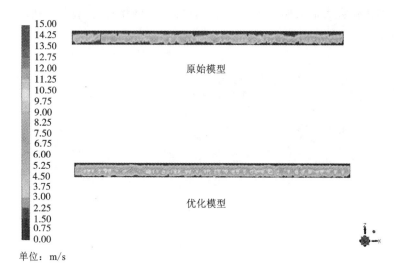

单位：m/s

图 7 - 10　原始模型与优化模型前侧缝隙气流速度云图

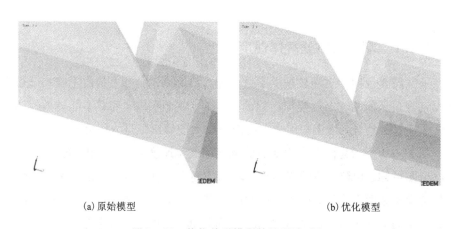

(a) 原始模型　　　　　　　　　　　　(b) 优化模型

图 7 - 11　优化前后模型前扩展域对比

7.4.2　颗粒出口添加挡板

对原始模型的改动，除了增大前侧离地缝隙外，还可在颗粒出口处增加挡板。挡板对颗粒运动的影响主要分为以下三个方面。

（1）减小颗粒在装置内的数量。

图 7 – 12 所示为两装置内存在颗粒数量随时间的变化。由图可以发现，在 0 ~ 0.5 s 两装置内的颗粒数量一致，因为这个时间段为颗粒进入装置并到达出口所需要的时间。在 0.5 s 后，两模型中颗粒数量之差开始增大。在整个时间段里，原始模型中存在的颗粒数达到了 8500 个左右，而优化模型只有 3500 个左右。颗粒从 0.1 s 开始产生并在 5.1 s 时结束，但由于颗粒从产生到出口的过程需要时间，所以装置内颗粒数量开始减小的时间要晚于 5.1 s，并且由图可以发现原始模型中颗粒减小的时刻要晚于优化模型而原始模型中颗粒数量减小所用的时间段要远远大于优化模型。减小颗粒在装置内的滞留时间以及装置内颗粒数量、减小颗粒从底面缝隙逸出的机会，可提高颗粒的回收率。

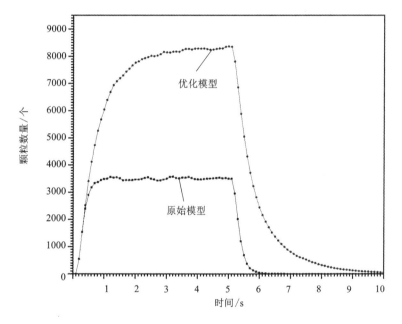

图 7 – 12 两种模型中存在颗粒数量随时间的变化

（2）减小颗粒在装置内的碰撞次数。

图 7 – 13 所示为两装置内颗粒碰撞次数随时间的变化。原始模型中颗粒最大碰撞速度大约为 55000 次/0.1 s，而优化模型中颗粒最大碰撞速度大约为 35000 次/0.1 s，并且由于颗粒不能顺利地被设备吸取，在 10 s 时仍然有颗粒存在，因此在 10 s 时仍然有颗粒碰撞产生。

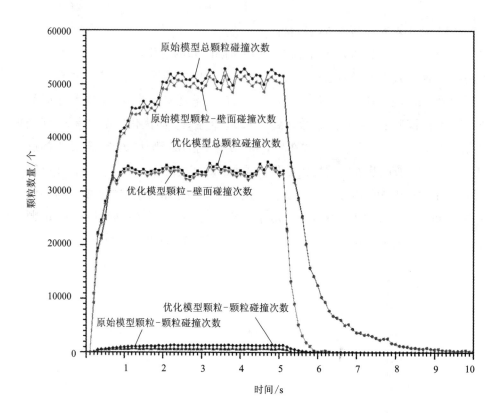

图 7 – 13　两种模型中颗粒碰撞数量随时间的变化

除此之外，颗粒－颗粒碰撞次数要远远小于颗粒－壁面的碰撞次数，并且颗粒－壁面的碰撞次数与总碰撞次数接近。在 0.5 s 左右时，优化模型的碰撞次数要大于原始模型颗粒碰撞次数。在此时间段内，优化模型颗粒－壁面碰撞次数要大于原始模型颗粒－壁面碰撞次数，因为在这个时间段颗粒刚进入设备并且受到气流的影响进行运动；而由于优化模型在出口处添加挡板，减小了颗粒运动的空间，优化模型中的颗粒先与壁面进行接触，因此在此时间段里面优化模型的颗粒碰撞次数要略大。随着时间增加，颗粒在装置内运动充分，由于原始模型里面颗粒较多并且颗粒运动情况复杂，所以原始模型中颗粒碰撞次数较大。

综上所述，在出口处增加的挡板不但能够减小颗粒的运动空间，还能够对颗粒起到导流的作用，使颗粒更容易从出口出去，并且由于颗粒与壁面碰撞次数减小，降低了摩擦程度，也相对地减小了能量损失。

7.4.3　底面区域增加

图 7 - 14(a)为原始模型底面与地面示意图,黑色部分为设备底面,灰色部分为地面。图 7 - 14(b)为设备底面与地面间隙的示意图,设备底面与地面的距离为 5 mm。图 7 - 14(c)为优化模型底面与地面的示意图。

(a) 原始模型底面与地面示意图

(b) 设备底面与地面间隙的示意图

(c) 优化模型底面与地面的示意图

图 7 - 14　模型底面与地面示意图

图 7 - 15(a)和图 7 - 15(b)分别为原始模型和优化模型在 $X = -0.15$ mm 处所对应截面的速度矢量图,图中虚线为出口处后侧缝隙入口气流速度示意图。在原始模型[图 7 - 15(a)]中,气流在进入缝隙后直接与设备内的气流混合;而在优化模型[图 7 - 15(b)]中,气流在进入缝隙后,由于底面的存在,会在设备底面和地面之间运动一定的距离。在这种差异下,原始模型中的颗粒在设备中运动的时候由于气流的作用和颗粒 - 颗粒间碰撞、颗粒 - 壁面间的碰撞,会有一部分颗粒运动到后侧的缝隙处,而颗粒一旦从缝隙出去,就无法被吸取。相对来说,在优化模型中,颗粒在进入缝隙后,由于地面与底面之间有气流存在,一大部分的颗粒会被气流重新吹进设备内,这就大大减少了逸出设备的颗粒的数量,增大了吸取的颗粒的数量,提高了颗粒回收率。

　　通过观察 $X = -0.15$ m 所对应的截面的速度矢量图可以发现，当设备内部的前侧区域（如图7-15中黑色虚线所示），在各种情况的作用下出现了旋涡，会加重设备内的混乱程度，并且会造成一定的能量损失。若能消除这部分旋涡，就能在一定程度下降低设备所需的能耗。

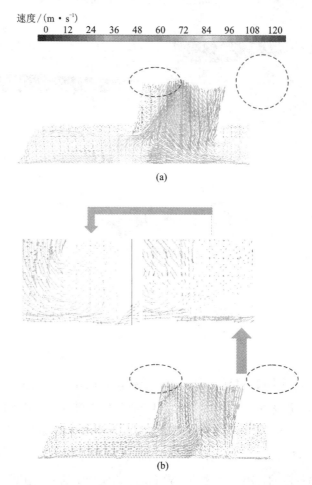

图7-15　原始模型(a)与优化模型(b) $X = -0.15$ m 处截面速度矢量图

　　综上所述，原始模型的回收率只有84.67%，在针对颗粒从前侧、左侧、后侧的缝隙逃逸的问题进行分析后，对设备结构进行了两个方面的修改：增加前侧缝隙、在颗粒出口处增加隔板。随后通过对优化模型的模拟并进行结果分析发现颗粒回收率达到了 99.5% 以上。对比两次模拟后的数据，分析颗粒回收率的影响因素，发现通过增加挡板可为颗粒提供一个简易轨道，使颗粒更容易进入出口，并且减小了颗粒在设备中的碰撞频率，从而降低对设备的磨损。除此之外，设备底面的增加减少了颗粒从左侧、后侧逃逸的数量，前侧开口增大克服反吹现象以及底面与地面之间的缓冲区域等种种因素的存在使装置吸取颗粒的能力增大。除了回收率提高，颗粒 – 壁面碰撞的次数也相对减小许多，对减小装置磨损、减小能耗都有一定的改善。通过对颗粒回收率的影响因素进行讨论分析，发现前侧缝隙增大使进气速度增大，从而解决了吹扫气流将颗粒从前侧缝隙反吹出装置的问题。

7.5　不同粒径颗粒对分离效率的影响

（1）常规颗粒粒径回收分离效率分析。

在参数相同、模拟软件设置一致的条件下，分别对粒径为 $D = 0.4$ mm、0.5 mm、0.7 mm、0.8 mm、0.9 mm、1.0 mm、2.0 mm 的颗粒进行耦合模拟，并将这些模拟结果与 $D = 0.6$ mm 的颗粒的结果进行整理，回收率随颗粒粒径变化的折线图如图 7 – 16 所示。

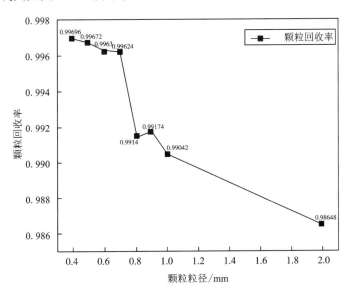

图 7 – 16　不同粒径颗粒的回收率

由图 7 - 16 可知，总体上颗粒的回收率随颗粒的粒径的增大呈现减小的趋势。但从数值上来讲，不同粒径颗粒的回收率相差并不大，最大回收率为99.7%，对应的颗粒粒径为 $D = 0.4$ mm，最小回收率为98.648%，对应的颗粒粒径为 $D = 2.0$ mm。这是由于颗粒粒径越大，其质量就越重，但是模拟过程中参数设置并没有改变。综上所述，优化后的模型具有良好的性能，并且对各种粒径的颗粒均有良好的适用性。

对不同粒径颗粒的数量在设备中随时间变化的数据进行整理，整理结果如图 7 - 17 所示。由图 7 - 17 可知，不同粒径颗粒在设备内的数量随时间的变化一致，并且随着颗粒粒径的增大，在同一时刻的设备中存在颗粒的数量也会增加，这种增加趋势会随着颗粒粒径的增大而减小但不明显。在模拟开始时，不同粒径的颗粒在设备中存在的数量相同，因为颗粒从进入设备到离开设备的过程需要一定的时间，在这段时间内由于没有颗粒离开设备，颗粒的数量即为颗粒工厂生成的颗粒的数量，而不同粒径颗粒的生成速度均为 10000 个/s。

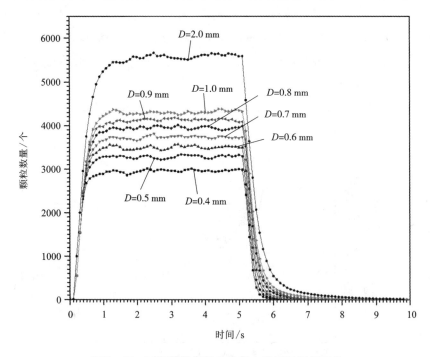

图 7 - 17　不同粒径颗粒在设备中数量随时间变化

图 7 – 18 为不同粒径颗粒在设备中碰撞次数随时间变化示意图。随着颗粒粒径的增大，设备中颗粒 – 颗粒、颗粒 – 壁面的碰撞总次数呈现出先增大后减小的趋势，并且在 $D = 0.9$ mm 附近时达到最大值。除此之外，随着颗粒粒径的增大，颗粒碰撞为次数 0 的时刻呈现往后延迟的趋势，这种情况产生的原因是颗粒越小越容易被设备吸取，在相同的时刻，粒径较小的颗粒完全离开设备，而粒径较大的颗粒还有一小部分存在于设备中。

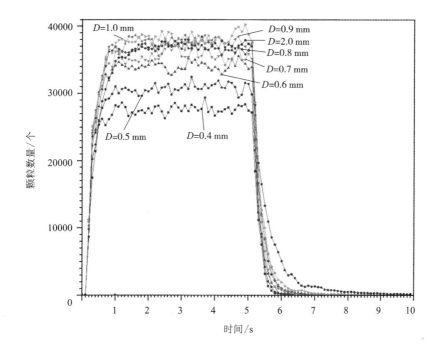

图 7 – 18　不同粒径颗粒在设备中碰撞次数随时间变化

图 7 – 19 为模拟不同粒径颗粒在颗粒 – 壁面碰撞中随时间变化的示意图。由图 7 – 19 可知，颗粒 – 壁面碰撞次数会随着颗粒粒径的增大呈现出先增大后减小的趋势，与模拟过程中总碰撞次数基本一致，在 $D = 0.9$ mm 左右达到最大值。

图 7 – 20 为获得的不同粒径颗粒的颗粒 – 颗粒碰撞随时间变化示意图。由图 7 – 20 可知，颗粒 – 颗粒碰撞次数会随着颗粒粒径的增大而增大，并不会像总颗粒碰撞与颗粒 – 壁面碰撞一般呈现先增大后减小的趋势。除此之外，颗粒

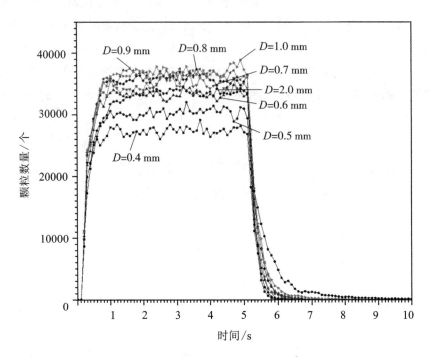

图 7-19 不同粒径颗粒在颗粒-壁面碰撞中随时间变化

-颗粒碰撞次数要比颗粒-壁面碰撞次数小一个数量级,因此总颗粒碰撞主要受颗粒-壁面碰撞的影响,并且基本与颗粒-壁面碰撞变化趋势一致。而颗粒-颗粒碰撞随着颗粒粒径的增大而增大的主要原因为:颗粒粒径越大,单个颗粒在设备中所占空间越大,颗粒间相遇并且发生碰撞的机会就越大,因此颗粒粒径越大颗粒碰撞次数就越多。但是由于颗粒-颗粒碰撞次数相对于总的颗粒碰撞次数来说非常小,不同粒径颗粒的颗粒-颗粒碰撞数量并不能影响总碰撞的整体趋势。

(2)极限工况颗粒粒径回收分离效率分析。

评价一台设备工作能力的指标除了设备的吸尘能力外,还有其克服意外状况的能力。因为在现实生活中,道路杂物不仅是微小颗粒,还有石块、土块等大粒径颗粒存在。如果设备不具有吸取大粒径颗粒的能力,或大颗粒在吸尘设备工作的时候一直存在设备中,则不但影响设备对小颗粒的吸取,而且由于大颗粒质量较大,其动量也较大,在与设备表面碰撞的时候会对设备造成很大的

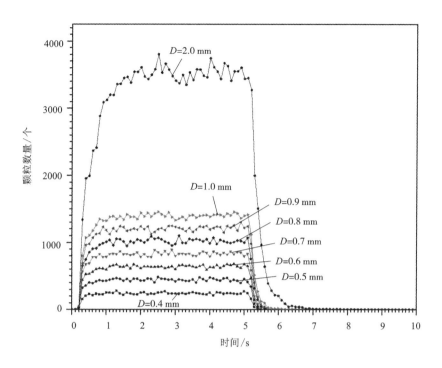

图 7 – 20　不同粒径颗粒在颗粒 – 颗粒碰撞中随时间变化

磨损，减少设备的使用寿命。

　　为了探究优化模型对大粒径颗粒的吸取能力，在设备中加入一个粒径为 50 mm 的颗粒来进行模拟。Edem 软件在生成颗粒的时候需要一定的空间，生成的位置不能有其他颗粒存在，若有其他颗粒存在则颗粒产生后会与其他颗粒重叠。大颗粒所占的空间较大，如果小颗粒较多并且分布比较广泛，则没有足够的空间提供给颗粒工厂产生大颗粒。因此在模拟过程中无法使大颗粒与小颗粒同时存在，无法考虑大颗粒与小颗粒之间的作用，只能单独对大颗粒进行模拟，但对验证设备克服意外情况的能力还是足够的。

　　用与上述模拟中相同的参数以及设置对颗粒进行模拟，结果发现在模拟结束后，颗粒依然在设备中，说明此时的边界条件并不适合大颗粒；增大颗粒出口处的负压到 –6000 Pa 时，模拟完成后颗粒依然在设备中；增大颗粒出口处的负压到 –8000 Pa 时，试验结束后设备中无颗粒存在，颗粒在设备中的迹线如图 7 –21 所示。由图可知，颗粒进入设备后并不能直接出去，而是在设备中进行了复杂的运动，在设备中的滞留时间也比较长。

图 7 – 21 大颗粒在设备中的迹线

图 7 – 22 为设备中颗粒数量随时间变化的示意图。大颗粒在 1 s 时刻产生，由于大颗粒的数量只有 1 个，因此图中数值为 1 的时刻表示颗粒一直在设备中运动。经过了约 4 s 的时间，颗粒才从出口出去。图 7 – 21 中颗粒的迹线充分地说明了大颗粒在设备中运动的复杂程度以及过长的滞留时间，但这也足以说明设备具有吸取大颗粒的能力。

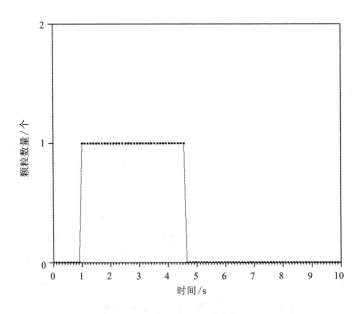

图 7 – 22 设备中颗粒的数量随时间变化

综上所述，通过对粒径为 0.4 mm、0.5 mm、0.6 mm、0.7 mm、0.8 mm、0.9 mm、1.0 mm、2.0 mm 的颗粒进行对比发现，颗粒回收率虽然会随着颗粒粒径的增大而减小，但是不同粒径的颗粒回收率在数值上相差不大，说明设备能够吸取颗粒粒径的范围较广。之后对不同粒径颗粒的总碰撞、颗粒 – 颗粒碰撞、颗粒 – 壁面碰撞发现，颗粒 – 壁面碰撞在总碰撞中所占的比例非常大，并且与整体碰撞的变化趋势一致，均随着颗粒粒径的增大，碰撞次数会先增加后减少，并且粒径 D 为 0.9 mm 左右的颗粒会达到最大值。但是颗粒 – 颗粒碰撞数量会随着颗粒粒径的增大而增加，但由于颗粒 – 颗粒碰撞数量相对于颗粒 – 壁面碰撞数量会小的多，因此并不能改变总体趋势。最后以粒径为 30 mm 的颗粒进行模拟，发现颗粒在与上述相同的模拟条件和参数设置下并不能被吸取，当把出口负压增加到 – 10000 Pa 时，虽然颗粒在设备中运动复杂并且滞留时间较长，但也能从出口离开，也证明了设备吸取大颗粒的能力。

7.6　本章小结

本章重点进行了气动循环除尘系统的 FLUENT – Edem 耦合计算颗粒分离效率，并对其进行了适应性设计。颗粒的回收分离效率会随着颗粒粒径的变大而减小，但最小回收分离效率也达到了 99% 以上。通过对粒径为 50 mm 的颗粒进行模拟发现，大颗粒在装置内的滞留时间较长，但最终可以被顺利吸拾。同一时间气动循环除尘系统内颗粒的数量会随着颗粒粒径的增大而增加（最大值为粒径 1 mm），但与原始模型相比，还是略少。对不同粒径颗粒在系统中的碰撞的次数进行分析，碰撞次数并不会同颗粒数量一样随着颗粒粒径的增大而一直增加，而是呈现出先增加后减少的趋势，并且在 0.9 mm 左右达到最大值。颗粒在设备中滞留时间长、运动复杂是原始模型颗粒回收率低的原因之一。颗粒出口处增加挡板可限定颗粒轨迹并提供轨道的作用，这为装置的优化提供了一定的参考。

第 8 章

结论与展望

8.1　主要工作和结论

本书对吸扫式扫路车的气动循环除尘系统的吸尘性能优化问题展开了研究。结合企业试验数据，对气动循环除尘系统的计算模型进行了初步验证，并以此为基础，对原始模型进行了结构参数和运行参数的优化分析。最后通过试制样机对优化结果进行了试验验证。本书完成的主要工作和相关结论如下。

（1）对比分析了气动循环除尘系统流道模型的非结构和结构网格离散化处理结果，同时得出了壁面函数的选取对内部流场计算有一定的影响的结论，并确定了 scalable wall functions 壁面函数对模型计算效果更佳。在此基础上详细地介绍了仿真模拟过程中流场的数值计算方法，并结合企业提供的试验数据进行了初步验证，确定了模型简化及边界条件处理的简明性和可行性。讨论了固相中的尘粒及大颗粒物被气动循环除尘系统吸拾的条件，计算得出了不同粒径下尘粒以及大粒径物体的起动速度关系，为气动循环除尘系统的设计提供了参考。

（2）为构建颗粒物理属性除尘性能回归模型，实现了以颗粒回收率为因变量，以系统压降、颗粒粒径和表观密度为自变量的三元二次回归模型的构建。对回归方程数理分析可知，在自变量取值空间中，系统压降和颗粒粒径与颗粒回收率呈正相关，表观密度与颗粒回收率呈负相关，对除尘效果影响最显著的因素是系统压降的平方项。通过最优化算法得出针对不同物理属性颗粒达到最高除尘性能时对应的运行参数配置图、表以及精确计算程序，以求在各种场景下初步实现快速指导气动循环除尘系统最优化运行的目的，并给出了针对待回收颗粒物理属性的最优化运行参数匹配建议。

（3）在确定了气动循环除尘系统计算模型有效性的基础上，分析了结构参数中吸尘口直径、吸尘口倾斜角度和前挡板倾斜角度对前进气平均速度的影响。结合均匀设计对这三个结构参数进行多元回归分析，研究结果表明，吸尘口直径、吸尘口倾斜角度和前挡板倾斜角度对气动循环除尘系统的吸尘性能有一定的影响；各参数对气动循环除尘系统吸尘性能的影响中，吸尘口直径影响最大，其次为前挡板倾斜角度，最小是吸尘口倾斜角度；三个结构参数的交互作用影响中，吸尘口直径和前挡板倾斜角度的交互作用影响最大，其次是吸尘口倾斜角度和前挡板倾斜角度的交互作用，吸尘口直径和吸尘口倾斜角度的交互作用较弱，可忽略不计；为了获得较高的除尘性能，综合各参数特点，提出结构改进方案，同时建立虚拟样机验证了该结构的可行性。

（4）为了实现除尘效率的进一步提高，在分析气动循环除尘系统工作原理后，对影响吸尘性能的运行参数进行了分析。选取气动循环除尘系统的反吹风量、系统压降和行驶速度三个运行参数，结合均匀优化设计和多元回归分析方法得出三个运行参数对气动循环除尘系统总除尘效率影响的回归方程。分析结果表明，气动循环除尘系统的反吹风量、系统压降和行驶速度对气动循环除尘系统的吸尘性能有一定的影响；各因素对气动循环除尘系统吸尘性能的影响中反吹风量影响最为显著；三个因素交互影响中，气动循环除尘系统的反吹风量和行驶速度的交互作用对气动循环除尘系统吸尘性能影响最大，其次是反吹风量和系统压降的交互作用，系统压降及行驶速度的交互作用较弱，可忽略不计。综合考虑各运行参数的特点，提出运行参数配合方案，同时结合结构改进的虚拟样机进行了模拟验证，效果较为显著，可以将此回归方程作为研究气动循环除尘系统运行参数配合设计的工具。

（5）进行了气动循环除尘系统内部流场测速及总除尘效率计算的试验研究。为了验证构建的虚拟样机内部流场及除尘效率计算的准确性和可行性，进行了样机试制和试验测试。详细地描述了样机试制过程、试验设备选用、测试方法确定、测试系统调试以及具体的试验测试过程，并对测试获得的数据进行了处理和分析。与 CFD 仿真值进行了对比，结果基本一致，说明了仿真计算的可靠性和精准性。同时，提供了切实可行的气动循环除尘系统吸尘性能测试方法。

（6）引入 FLUENT-Edem 耦合计算颗粒分离效率，并结合计算结果对其进行了适应性设计。颗粒的回收分离效率会随着颗粒粒径的变大而减小。通过对行业标准最大粒径的颗粒进行模拟发现，虽可顺利吸入，但在装置内的滞留时间较长。气动循环除尘系统内颗粒的数量在同一时间下会随着颗粒粒径的增大而增加（略低于原始模型）。对比不同粒径颗粒在系统中的碰撞次数，碰撞次数并不会如同颗粒数量一样随着颗粒粒径的增大而一直增大，而是呈现出先增加后减少的趋势。颗粒在设备中滞留时间长、运动复杂是原始模型颗粒回收率低的原因之一。颗粒出口处增加挡板，可限定颗粒轨迹并起提供轨道的作用，这对装置的优化提供了一定的参考。

8.2 主要创新点

（1）结合扩展区的结构参数，研究分析了扩展区各个参数对计算精度的影响规律，针对所研究的气动循环除尘系统结构提出了各个参数相应的阈值。对比分析了目前研究中常用的两种扩展区形式——有无转角扩展区，确定了扩展区有无转角对气动循环除尘系统流场分布特性影响不大。在日常工程计算中，建议选用无转角扩展区模型以提高计算效率，节省计算时间。

（2）根据不同结构参数对气动循环除尘系统前进气面平均速度的影响效果分析，得出了吸尘口直径、吸尘口倾斜角度和前挡板倾斜角度对除尘性能的影响规律。根据不同运行参数对气动循环除尘系统除尘效率的影响，得到总除尘效率与反吹风量、系统压降和行驶速度的变化规律。在此基础上，结合均匀优化设计法和多元回归分析法，提出了包含单因素项、因素平方项及因素交互作用项在内的气动循环除尘系统除尘效率优化回归方程，该方法可以提高吸尘性能，缩短设计周期。

8.3　研究展望

（1）结合 PIV（particle image velocimetry）粒子图像测速法直接对气动循环除尘系统内部的气流流动进行可视化研究分析。

（2）对气动循环除尘系统的全部结构参数和运行参数进行均匀设计分析，总结归纳各个参数及参数间交互作用对气动循环除尘系统除尘性能的影响关系。

参考文献

［1］周洲. 农村汽车消费者购买意愿与态度影响的调查分析［J］. 统计与决策, 2010(11)：93 - 94.

［2］海川. 汽车轻量化发展路径［J］. 新经济导刊, 2015(10)：52 - 57.

［3］黄冰, 干宏程. 电动汽车购买意愿的离散选择分析［J］. 上海理工大学学报, 2015(4)：392 - 397.

［4］薛凯, 汤历漫. 微型电动汽车消费者购买意愿调查分析［J］. 汽车工业研究, 2015(4)：61 - 63.

［5］宋书玲. 从经济角度浅析雾霾的治理［J］. 现代经济信息, 2015(21)：2 + 21.

［6］衣宏, 杨永波. 空气污染产生雾霾的主要原因及防治对策［J］. 科学中国人, 2015(20)：194.

［7］Chang Y M, Chou C M, Su K T, et al. Effectiveness of street sweeping and washing for controlling ambient TSP［J］. Atmospheric Environment, 2005, 39(10)：1891 - 1902.

［8］左五洲, 张韵. 我国环卫类专用汽车发展现状与趋势分析［J］. 专用汽车, 2012(10)：58 - 61.

［9］宁文祥. 2019 年我国扫路车市场回顾及 2020 年前四月市场分析［J］. 专用汽车, 2020(7)：22 - 25.

［10］谢立扬. 国外路面清扫车概况［J］. 筑路机械与施工机械化, 1991, 8(35)：2 - 5.

［11］Walter S, Ulli - Beer S, Wokaun A. Assessing customer preferences for hydrogen - powered street sweepers：A choice experiment［J］. International Journal of Hydrogen Energy, 2012, 37(16)：12003 - 12014.

［12］ Prichard H M, Sampson J, Jackson M . A further discussion of the factors controlling the distribution of Pt, Pd, Rh and Au in road dust, gullies, road sweeper and gully flusher sediment in the city of Sheffield, UK［J］. Science of the Total Environment, 2009, 407(5)：1715 – 1725.

［13］ Mulugeta T A, Hidat G, Teklehaimanot M, et al. Occupational Respiratory Health Symptoms and Associated Factor among Street Sweepers in Addis Ababa, Ethiopia［J］. Occupational Medicine & Health Affairs, 2017, 5(2)：1000262.

［14］ 刘松泉, 陈杰, 吴勃夫. 应用 MATLAB 图像处理技术获取吸尘效率［J］. 机械设计与研究, 2010, 25(6)：82 – 85.

［15］ 宁文祥. 国外扫路车五大发展趋势［J］. 专用汽车, 2010(4)：31 – 32.

［16］ Baumbach G, Ang K B, Hu L, et al. Messung und Auswertung der Untersuchung der Wirkung von Reinigungsmassnahmen auf die Feinstaubkonzentration an einer verkehrsreichen Strasse［J］. Vdi Berichte, 2011, 12(2). 1506 – 1512.

［17］ 莱斯特. 全球道路清扫机械的发展趋势［J］. 专用汽车, 2008(9)：26 – 28.

［18］ 赖振赋. 吸尘车吸嘴 CFD 仿真分析［J］. 机电技术, 2019(1)：24 – 27 + 77.

［19］ 秦锋, 朱龙彪, 顾玉兰, 等. 气流分层的扫路车的设计与研究［J］. 轻工科技, 2019, 35(3)：56 – 58.

［20］ 张建国, 李亮, 张斌, 等. 扫路车专用吸嘴数值模拟与内流特性分析［J］. 建设机械技术与管理, 2018, 31(9)：62 – 66.

［21］ Kuhns H, Etyemezian V, Green M, et al. Vehicle – based road dust emission measurement—Part Ⅱ: Effect of precipitation, wintertime road sanding, and street sweepers on inferred PM 10 emission potentials from paved and unpaved roads［J］. Atmospheric Environment, 2003, 37(32)：4573 – 4582.

［22］ Kursh B . A Computer – Assisted System for the Routing and Scheduling of Street Sweepers ［J］. Operations Research, 1978, 26(4)：525 – 537.

［23］ Kuijer P P M, Visser B, Han C . Job rotation as a factor in reducing physical workload at a refuse collecting department［J］. Ergonomics, 1999, 42(9)：1167 – 1178.

［24］ Anh H Q, Tran T M, Thuy N, et al. Screening analysis of organic micro – pollutants in road dusts from some areas in northern Vietnam：A preliminary investigation on contamination status, potential sources, human exposure, and ecological risk［J］. Chemosphere, 2019 (224)：428 – 436.

［25］ 刘洋, 张珂. 道路清扫车介绍及发展趋势分析［J］. 汽车实用技术, 2018(15)：269 – 271.

[26] Amsden, David. Street Sweeper [J]. New York Times Magazine, 2015(14): 24 – 51.

[27] Henderson S V. Evaluation of pervious concrete pavement permeability renewal maintenance methods at field sites in Canada[J]. Canadian Journal of Civil Engineering, 2011, 38(12): 1404 – 1413.

[28] Heydorn A. Street Sweeper Features Attracting Increased Attention [J]. Pavement Maintenance & Reconstruction, 2012(27): 15 – 26.

[29] Vancura M E, Macdonald K, Khazanovich L. Location and depth of pervious concrete clogging material before and after void maintenance with common municipal utility vehicles [J]. Journal of Transportation Engineering, 2012, 138(3): 332 – 338.

[30] Samuels I. Streetsweeper: In praise of wider streets and other things[J]. Urban design international, 2005, 10(2): 137 – 141.

[31] Neise W, Koopmann G. Noise Reduction on the centrifugal suction fan of a berlin street sweeper truck[J]. Noise Control Engineering Journal, 1984, 23(2): 78 – 88.

[32] Sheaf R J. Street sweeper motor shaft seals failing[J]. Hydraulics & Pnuematics Exclusive Insight, 2013(14): 164 – 171.

[33] Hitchcox A L. Tandem pumps propel street sweeper[J]. Hydraulics & Pneumatics, 2013 (14): 56 – 65.

[34] Chu W T, Chao Y C, Chang Y S. Street sweeper: detecting and removing cars in street view images[J]. Multimedia Tools & Applications, 2015, 74(23): 10965 – 10988.

[35] Keating M. Street sweeper's sound – suppressed cab offers wide visibility for driver[J]. Government Product News, 2008(8): 789 – 798.

[36] 刘艳. 道路清扫车国内外研究进展[J]. 科学时代, 2015(14): 45 – 47.

[37] 师军杰. 机械式道路清扫车的设计[J]. 山西电子技术, 2020(5): 37 – 39.

[38] Obot C J, Morandi M T, Beebe T P, et al. Surface components of airborne particulate matter induce macrophage apoptosis through scavenger receptors [J]. Toxicology & Applied Pharmacology, 2002, 184(2): 98 – 106.

[39] Aunan K, Pan X C. Exposure – response functions for health effects of ambient air pollution applicable for China – a meta – analysis[J]. Science of the Total Environment, 2004, 329 (1 – 3): 3 – 16.

[40] 周霞芳. 北京市真正的蓝天是极其短暂的[J]. 环境与生活, 2010(13): 15 – 19.

[41] 于燕, 张振军, 李义平. 西安市大气颗粒物污染现状及其金属特征研究[J]. 环境与健康杂志, 2003, 20(6): 359 – 360.

[42] 杨新兴, 冯丽华, 尉鹏. 大气颗粒物 PM2.5 及其危害[J]. 前沿科学, 2012

（1）: 22 - 31.

［43］陈柯宇, 刘扣英, 王荣, 等. 急性呼吸道传染病医务人员气溶胶防护措施的证据总结［J］. 中国实用护理杂志, 2021, 37（9）: 699 - 706.

［44］Jerrett M, Newbold K B, Burnett R T, et al. Geographies of uncertainty in the health benefits of air quality improvements［J］. Stochastic Environmental Research & Risk Assessment, 2007, 21（5）: 511 - 522.

［45］Abdel - Salam M M M. Significance of Personal Exposure Assessment to Air Pollution in the Urban Areas of Egypt［J］. Open Journal of Air Pollution, 2015, 4（1）: 1 - 6.

［46］Li X, Zhu J, Guo P, et al. Preliminary studies on the source of PM10 aerosol particles in the atmosphere of Shanghai City by analyzing single aerosol particles［J］. Nuclear Instruments & Methods in Physics Research, 2003, 210（3）: 412 - 417.

［47］Yue W, Li X, Liu J, et al. Characterization of PM2. 5 in the ambient air of Shanghai city by analyzing individual particles［J］. Science of the Total Environment, 2006, 368（23）: 916 - 925.

［48］贾玉巧, 赵晓红, 郭新彪. 大气颗粒物 PMIO 和 PM2. 5 对人肺成纤维细胞及其炎性因子分泌的影响［J］. 环境与健康杂志, 2011, 28（3）: 206 - 208.

［49］林敏. 福州市典型污染日单颗粒气溶胶组份特征研究［J］. 干旱环境监测, 2020, 34（4）: 163 - 168.

［50］Jong H L, Soon T K, Hwan C K. Public - health impact of outdoor air pollution for 2 air pollution management policy in Seoul metropolitan area, Korea［J］. Annals of Occupational & Environmental Medicine, 2015, 27（1）: 1 - 9.

［51］Obot C J, Morandi M T, Beebe T P, et al. Surface components of airborne particulate matter induce macrophage apoptosis through scavenger receptors［J］. Toxicology & Applied Pharmacology, 2002, 184（2）: 98 - 106.

［52］Baulig A, Sourdeval M, Meyer M, et al. Biological effects of atmospheric particles on human bronchial epithelial cells. Comparison with diesel exhaust particles. ［J］. Toxicology in Vitro An International Journal Published in Association with Bibra, 2003, 17（5）: 567 - 573.

［53］Aunan K, Pan X C. Exposure - response functions for health effects of ambient air pollution applicable for China - a meta - analysis［J］. Science of the Total Environment, 2004, 329（3）: 3 - 16.

［54］刘福新. 全天候扫路车研发与应用［J］. 专用汽车, 2021（2）: 74 - 76.

［55］秦超. 清扫车概况及清运装置设计［J］. 汽车零部件, 2015（5）: 56 - 60.

［56］宁文祥. "绿色机器" ——紧凑型纯电动扫路车［J］. 专用汽车, 2013（6）: 63 - 64.

[57] 宁文祥. 庄士顿 C200 扫路车引领扫路车的潮流[J]. 专用汽车, 2009(9): 38 - 40.

[58] 曹建, 孙永强, 张二华, 等. 扫路车吸尘装置仿真分析与改进研究[J]. 汽车实用技术, 2021, 46(2): 73 - 75.

[59] 张斌, 李亮, 万军, 等. 智能扫路车专用风机内流特性分析及优化设计[J]. 建设机械技术与管理, 2020, 33(6): 97 - 99.

[60] 范师锋, 宁冬兴, 姜东宇, 等. 一种适应多工况的扫路车清扫系统[J]. 专用汽车, 2020 (11): 99 - 101.

[61] 赖滨萍. 小型扫路车的总体结构设计与研究[J]. 时代汽车, 2019(20): 59 - 60 + 67.

[62] Calvillo S J, Williams E S, Brooks B W. Street dust: implications for stormwater and air quality, and environmental through street sweeping [J]. Reviews of Environmental Contamination & Toxicology, 2015(233): 71 - 128.

[63] 刘宏超, 温玉霜, 苏忠浩. 扫路车多功能配置分析及研究[J]. 汽车实用技术, 2019 (13): 152 - 154.

[64] 赖振赋. 吸尘车吸嘴 CFD 仿真分析[J]. 机电技术, 2019(1): 24 - 27 + 77.

[65] 纪鹏飞. 填补业内空白京环装备首发 4.5 吨以下全系列纯电动环卫车[J]. 专用汽车, 2018(12): 69 - 72.

[66] 杜红武. 京环装备推出 18 款 4.5t 以下系列纯电动环卫车辆[J]. 商用汽车, 2018(12): 72 - 75.

[67] 郭佳鹏, 朱阳, 黄振峰, 等. 扫路车扫刷离地高度自适应调节系统对比研究[J]. 汽车实用技术, 2018, 20: 145 - 147.

[68] 张桂丰. 清洗扫路车的结构设计[J]. 机电技术, 2008, 31(3): 22 - 24.

[69] 刘洋, 周新文, 雷波, 等. 吸尘车除尘系统设计研究[J]. 汽车实用技术, 2018, 44(11): 92 - 94 + 104.

[70] 郗元, 肖涛, 成凯, 等. 反吹式吸嘴离地间隙数值模拟研究[J]. 机械工程师, 2018(7): 42 - 43 + 49.

[71] 刘正. 扫路车宽吸嘴流场仿真分析及其设计改进[J]. 内燃机与配件, 2018(9): 53 - 54.

[72] 胡立峰. 道路清扫车扫盘和吸嘴装置的改进设计[J]. 中国科技纵横, 2015 (21): 15 - 17.

[73] 张安. 吸扫式扫路车吸嘴流场性能探微[J]. 科技与创新, 2018(10): 121 - 122.

[74] 任浩. 扫路车扫刷防撞系统[J]. 专用汽车, 2018(2): 93 - 95.

[75] 邓华, 李本悦. 空间网格结构风振计算频域法的参数讨论及数值分析[J]. 空间结构, 2004(4): 36 - 43.

［76］何新，王超，黄胜，等.基于结构化网格技术的螺旋桨定常空泡性能数值分析［J］.船舶工程，2013，35(5)：8 – 11.

［77］陈汇龙，翟晓，赵斌娟，等.基于多重网格法和CFD的多孔端面机械密封数值分析比较［J］.润滑与密封，2009，34(10)：36 – 40.

［78］买买提明·艾尼，热合买提江·依明.现代数值模拟方法与工程实际应用［J］.工程力学，2014，31(4)：11 – 18.

［79］施瑶，潘光，王鹏，等.泵喷推进器空化特性数值分析［J］.上海交通大学学报，2014，48(8)：1059 – 1064.

［80］李海峰，吴冀川，刘建波，等.有限元网格剖分与网格质量判定指标［J］.中国机械工程，2012，23(3)：368 – 377.

［81］李春光，朱宇飞，刘丰，等.基于四边形网格的下限原理有限元法［J］.岩石力学与工程学报，2012，31(3)：461 – 468.

［82］王波.一类神经传导方程的变网格有限元方法及数值分析［J］.生物数学学报，2006(1)：119 – 128.

［83］张桂丰.新型清洗扫路车作业控制装置的设计［J］.中国高新技术企业，2008(20)：105 – 106.

［84］姜兆文，成凯，耿宇明.吸扫式扫路车吸嘴流场性能分析［J］.专用汽车，2012(6)：92 – 94.

［85］Sonal P, Anand S, Bansi D, et al. Study of noncommunicable diseases among the street sweepers of Muster Station, Ahmedabad municipal corporation［J］. Indian Journal of Community Medicine, 2019, 44(3)：1405 – 1411.

［86］Derek P. Hybrid electric street sweeper helps municipalities reduce greenhouse gas emissions［J］. The American City & County, 2019(14)：15 – 26.

［87］Xi Y, Cheng K, Lou X T, et al. Numerical simulation of gas – solid two – phase flow in reverse blowing pickup mouth［J］. Journal of Donghua University(English Edition), 2015(4)：530 – 535.

［88］王悦新，梁昭举，曹平韬.基于CFD的清扫车气力输送系统仿真分析［J］.交通节能与环保，2015(3)：32 – 35.

［89］Cansu Y, Mahmut A G. A novel arc – routing problem of electric powered street sweepers with time windows and intermediate stops［J］. IFAC PapersOnLine, 2019, 52(13)：14 – 21.

［90］Xi Y, Cheng K, Xiao T, etc. Parametric design of reverse blowing pickup mouth based on flow simulation［J］. Journal of Information and Computational Science. 2015, 12

(6)：2165 – 2175.

[91] 徐云，李欣峰，肖田元，等.计算流体力学在清扫车仿真分析中的应用研究[J].系统仿真学报，2004，16(2)：270 – 273.

[92] 曾广银，李欣峰，肖田元，等.公路清扫车吸尘系统仿真设计[J].系统仿真学报，2005，16(12)：2770 – 2773.

[93] 杨春朝，章易程，欧阳智江，等.基于流场模拟的真空清扫车吸尘口的参数设计[J].中南大学学报(自然科学版)，2012，43(9)：3704 – 3709.

[94] 林春玮，许顺林.龙卷风在扫路车上的应用研究[J].时代汽车，2018(1)：111 – 112.

[95] 欧阳智江，章易程，贾光辉，等.卷边吸尘口流场特性研究[J].机械科学与技术，2013，32(3)：362 – 366.

[96] Yi C, Chun Z Y, Baker C, et al. Effects of expanding zone parameters of vacuum dust suction mouth on flow simulation results[J]. Journal of Central South University, 2014, 21 (6)：2547 – 2552.

[97] 许静.扫路车吸嘴专利技术综述[J].河南科技，2017(3)：65 – 66.

[98] Wu B F, Men J L, Chen J. Numerical study on particle removal performance of pickup head for a street vacuum sweeper[J]. Powder Technology, 2010, 200(1)：16 – 24.

[99] Wu B F, Men J L, Chen J, et al. Improving the design of a pickup head for particle removal using computational fluid dynamics [J]. ARCHIVE Proceedings of the Institution of Mechanical Engineers Part C Journal of Mechanical Engineering Science, 2011, 225 (4)： 939 – 948.

[100] 朱伏龙，张冠哲，陈杰.真空吸尘车吸尘口的流场仿真和结构优化[J].机械设计与制造，2008(11)：50 – 52.

[101] 王福军.计算流体动力学分析—CFD 软件原理与应用[M].北京：清华大学出版社，2004：124.

[102] 袁银男，梅丛蔚，刘智鑫，等.基于流固耦合的净化器内流场与热应力分析[J].扬州大学学报(自然科学版)，2017，20(2)：50 – 54.

[103] 陶文铨.数值传热学(第 2 版) [M].西安：西安交通大学出版社，2001：235.

[104] 赵福云，汤广发，刘娣，等.CFD 数值模拟的系统误差反馈及其实现[J].暖通空调，2004，34(6)：1 – 8.

[105] 丁胜勇，邵国建，李昂，等.基于四叉树网格加密技术的混凝土细观模型[J].建筑材料学报，2015，18(3)：375 – 379.

[106] 孙纪安，周征征.CFD 软件在结构抗风分析中的应用[J].建材世界，2009，30(3)： 121 – 123.

[107] 段然, 黄衍, 沈雄, 等. 网格类型对飞机空舱内部流场数值计算的影响[J]. 应用力学学报, 2015, 32(5): 56 – 61.

[108] 张来平, 贺立新, 刘伟, 等. 基于非结构/混合网格的高阶精度格式研究进展[J]. 力学进展, 2013, 43(2): 202 – 236.

[109] 董亮, 刘厚林, 谈明高, 等. 一种验证网格质量与 CFD 计算精度关系的方法[J]. 中南大学学报(自然科学版), 2013, 43(11): 132 – 138.

[110] 董其伍, 谢建, 刘敏珊, 等. 管壳式换热器模拟中壁面函数选择分析[J]. 石油机械, 2009, 37(2): 41 – 44.

[111] 刘敏珊, 杨帆, 董其伍, 等. 流体横掠管束模拟中壁面函数影响研究[J]. 热能动力工程, 2010, 25(5): 14 – 21.

[112] 张继春, 李兴虎, 杨建国. 壁面函数对进气歧管 CFD 计算结果的影响[J]. 农业机械学报, 2008, 39(7): 47 – 50.

[113] 郭鸿志. 传输过程数值模拟[M]. 北京: 冶金工业出版社, 1998: 256.

[114] Versteeg, Malalasekera H K. An introduction to computational fluid dynamics [J]. Introduction to Computational Fluid Dynamics, 2007, 20(5): 400 – 411.

[115] Isaac G, Capeluto A, Yezioro E. Climatic aspects in urban design—a case study[J]. Building and Environment, 2003, 38(6): 145 – 148.

[116] Amato F, Querol X, Johansson C, et al. A review on the effectiveness of street sweeping, washing and dust suppressants as urban PM control methods. [J]. Science of the Total Environment, 2010, 408(16): 3070 – 3084.

[117] Hrouda A, Capek L, Vanierschot M, et al. Macroscale simulation of the filtration process of porous media based on statistical capturing models [J]. Separation and Purification Technology, 2021(266): 541 – 549.

[118] 季明烨. 道路清扫保洁作业模式及控尘方案分析[J]. 江苏科技信息, 2016 (1): 74 – 76.

[119] 李钢, 樊守彬, 钟连红, 等. 北京交通扬尘污染控制研究[J]. 城市管理与科技, 2006, 4(4): 151 – 152.

[120] 凌裕泉, 吴正. 风沙运动的动态摄影实验[J]. 地理学报, 1980(02): 174 – 181.

[121] 王昊利, 杨蒙. 基于纳米颗粒群布朗运动图像分析的微流体温度测量算法[J]. 过程工程学报, 2009, 9(S2): 112 – 116.

[122] 梅凡民, 蒋缠文. 风沙颗粒运动的数字高速摄影图像的分割算法[J]. 力学学报, 2012, 44(1): 82 – 87.

[123] Nickling W G. The initiation of particle movement by wind[J]. Sedimentology, 1998, 35

(3)：499－511.

[124] Haim T, Bagnold R A. The physics of blown sand and desert dunes. London：Methuen[J]. Progress in Physical Geography, 1994, 18(1)：154－159.

[125] 朱伏龙, 张冠哲, 陈杰. 真空吸尘车吸尘口的流场仿真和结构优化[J]. 机械设计与制造, 2008(11)：50－52.

[126] 詹晓华. 基于 CFD 仿真的微型电动吸尘车抽吸系统的改进分析[J]. 能源环境保护, 2020, 34(3)：62－67.

[127] 周晓扬. 球形物体的自由悬浮速度精确求解[J]. 专用汽车, 1995(4)：3－6.

[128] 彭玲, 冯会健. QC/T 51《扫路车》标准主要修订内容解读[J]. 专用汽车, 2017, 4：39－41.

[129] Chuah T G, Gimbun J, Choong T S Y. A CFD study of the effect of cone dimensions on sampling aerocyclones performance and hydrodynamics[J]. Powder Technology, 2006 (162)：126－132.

[130] Fang K T, Ge G N, Liu M Q. Uniform supersaturated design and its construction[J]. Science in China, Ser. A, 2002, 8：1080－1088.

[131] 方开泰. 均匀试验设计的理论、方法和应用——历史回顾[J]. 数理统计与管理, 2004 (3)：69－80.

[132] 李志西. 实验优化设计与统计分析[M]. 北京：科学出版社, 2010：121.

[133] 娄希同, 郗元, 成凯, 等. 基于 CFD 的扫路车脉冲除尘器流场均匀性研究[J]. 大众汽车, 2015, 21(2)：85－87.

[134] 罗善督. 扫路车类型和结构型式[J]. 建设机械技术与管理, 2005, 15(7)：39－43.

[135] 徐宁, 吴三达. 吸扫式扫路车的总体设计与研究[J]. 商用汽车, 2006(6)：83－85.

[136] 徐宁, 吴三达. 国内吸扫式扫路车技术发展综述[J]. 专用汽车, 2006(6)：44－45.

[137] 顾久军. 干湿两用扫路车的结构原理简介[J]. 专用汽车, 2003(4)：34－35.

[138] 郝文阁, 裴莹莹, 陈鹏, 等. ESP 电场粉尘高质量浓度区气流强制收集技术[J]. 辽宁工程技术大学学报：自然科学版, 2009, 28(3)：488－490.

[139] 刘诗词. 烟气含尘浓度简化计算法[J]. 华中电力, 1990(2)：19－22.

[140] 李晓曼, 宋健斐, 孙国刚, 等. 入口含尘浓度变化对不同排气管结构 PV 型旋风分离器分离效率的影响[J]. 石油炼制与化工, 2015, 46(10)：28－33.

[141] 王春兰, 蒋孟杰, 瞿晓燕. 袋式除尘器用过滤单元设计及安装技术要求[J]. 中国环保产业, 2018(6)：50－52.

[142] 王巍, 管清亮, 张建胜. 水平管煤粉气力输送流型实验研究[J]. 中国粉体技术, 2014, 20(6)：21－24.

[143] 周云, 陈晓平, 梁财, 等.煤粉平均粒径对高压密相气力输送的影响[J].中国电机工程学报, 2009, 29(26): 25 – 29.

[144] 刘文峰, 王光毅. 煤粉气力输送支管状态监测系统设计[J]. 中国科技信息, 2011, 9: 157 – 158.

[145] 马胜, 郭晓镭, 龚欣, 等.粉煤密相气力输送流型[J].化工学报, 2010, 61(6): 1415 – 1422.

[146] 王巍, 管清亮, 张建胜.水平管煤粉气力输送流型实验研究[J].中国粉体技术, 2014, 20(6): 21 – 24.

[147] 吴新芳, 何子燚.大型多功能道路清扫车总体设计分析[J].专用汽车, 2014 (6): 87 – 89.

附　录

附录 A　MATLAB 求解回归方程程序

```
format long g
clear;
NO = [1.6    80    0.9    77.026;
1.6    100    0.8    78.840;
1.6    100    1.0    77.630;
1.6    120    0.9    80.506;
2.0    80    0.8    84.586;
2.0    80    1.0    83.909;
2.0    120    0.8    89.679;
2.0    120    1.0    87.438;
2.4    80    0.9    92.630;
2.4    100    0.8    95.889;
2.4    100    1.0    95.037;
2.4    120    0.9    98.593];    % 输入试验数据,对应于本文表3.4
z = zeros(12, 9);
for i  = 1: 12
```

```
    for j = 1 : 9
        if j = = 1 | | j = = 2 | | j = = 3
            z( i, j) = NO( i, j) ;
        elseif j = = 4 | | j = = 5 | | j = = 6
            z( i, j) = NO( i, j - 3)² ;
        elseif j = = 7
            z( i, j) = NO( i, 1) * NO( i, 2) ;
        elseif j = = 8
            z( i, j) = NO( i, 1) * NO( i, 3) ;
        elseif j = = 9
            z( i, j) = NO( i, 2) * NO( i, 3) ;
        end
    end
    end
    end
end
av_z = mean( z, 1) ;
av_y = mean( NO( : , 4), 1) ;
ssi = zeros( 1, 9) ;
for i = 1 : 9
    for j = 1 : 12
        ssi( 1, i) = ssi( 1, i) + ( av_z( i) - z( j, i) )² ;
    end
end
SP = zeros( 9, 9) ;
for i = 1 : 9
    for k = 1 : 9
        for j = 1 : 12
            if i ~ = k
```

```
        SP(i, k) = SP(i, k) + ((z(j, i) - av_z(1, i)) * (z(j, k) - av_z(1, k)));
        else
            SP(i, k) = ssi(1, i);
        end
      end
   end
end
SPIY = zeros(1, 9);
for i = 1 : 9
for j = 1 : 12
SPIY(1, i) = SPIY(1, i) + (z(j, i) - av_z(1, i)) * (NO(j, 4) - av_y);
      end
end
C = inv(SP);
b = SP\SPIY';
sum = 0;
for i = 1 : 9
    sum = sum + av_z(1, i) * b(i, 1);
end
b0 = av_y - sum;
```

附录 B　MATLAB 求解最优化系统压降

```
p = zeros(21, 21);
i = 1;
j = 1;
for rou = 0.7 : 0.02 : 1.1;
    j = 1;
    for d = 70 : 3 : 130;
        jie1 = -(179 * rou)/760 - (2 * ((931 * d * rou)/250 - (342767 *
            rou)/1600 - (627 * d)/250 - (68870918999194613 * d²));
```

$$/4611686018427387904 + (342121 * \mathrm{rou}^2)/6400 + 1244393$$
$$/1600)^{(1/2)})/19 - 11/380$$

$$\mathrm{jie2} = (2 * ((931 * d * \mathrm{rou})/250 - (342767 * \mathrm{rou})/1600 - (627 * d)/250 -$$
$$(68870918999194613 * d^2)/4611686018427387904 + (342121 * \mathrm{rou}^2)$$
$$/6400 + 1244393/1600)^{(1/2)})/19 - (179 * \mathrm{rou})/760 - 11/380;$$

```
                    % 将式(5 - 1)所解得的字符串表达形式带入程序
        if jie1 < = 0
            p(i, j) = jie2;
        else
            p(i, j) = jie1;
        end
                    % 保留最小非负解作为输出结果
        j = j + 1;
    end
    i = i + 1;
end
rou = 0. 7 : 0. 02 : 1. 1;
d = 70 : 3 : 130;
[ROU, D] = meshgrid(rou, d);
mesh(rou, d, p)
                    % 由网格节点绘制图像
title('颗粒回收率为90% 所对应的最小系统压降分布图');
xlabel('x3(表观密度)');
ylabel('x2(颗粒粒径)');
zlabel('x1(系统压降)');
gridon;
```

附录 C 求解给定密度粒径下的系统压降

```
clear;
syms d rou
fprintf('请输入颗粒粒径，输入范围 70 - 130 微米 \n')
d = input('message');
fprintf('请输入颗粒表观密度，输入范围 0.7 - 1.1 克/立方厘米 \n')
rou = input('message');
fprintf('颗粒回收率为 90% 的最小系统压降为：\n')
jie1 = - (179 * rou)/760 - (2 * ((931 * d * rou)/250 - (342767 * rou)
       /1600 - (627 * d)/250 - (68870918999194613 * d²)
       /4611686018427387904 + (342121 * rou²)/6400 +
       1244393/1600)^(1/2))/19 - 11/380;
jie2 = (2 * ((931 * d * rou)/250 - (342767 * rou)/1600 - (627 * d)/250
       - (68870918999194613 * d²)/4611686018427387904 + (342121 *
       rou²)/6400 + 1244393/1600)^(1/2))/19 - (179 * rou)/760 - 11/380;
if jie1 < =0
       p = jie2;
else
       p = jie1;
end
p
```

图书在版编目(CIP)数据

气动循环除尘系统流动特性与分离效率 / 郗元等著.
—长沙：中南大学出版社，2021.7
ISBN 978 - 7 - 5487 - 3738 - 4

Ⅰ. ①气… Ⅱ. ①郗… Ⅲ. ①除尘设备－研究 Ⅳ.
①X701.2

中国版本图书馆 CIP 数据核字(2021)第 036597 号

气动循环除尘系统流动特性与分离效率

QIDONG XUNHUAN CHUCHEN XITONG LIUDONG TEXING YU FENLI XIAOLÜ

郗 元 张西龙 代 岩 张永亮 著

□责任编辑	潘庆琳	
□责任印制	周 颖	
□出版发行	中南大学出版社	
	社址：长沙市麓山南路	邮编：410083
	发行科电话：0731 - 88876770	传真：0731 - 88710482
□印 装	长沙印通印刷有限公司	

□开 本	710 mm×1000 mm 1/16 □印张 11.25 □字数 195 千字	
□版 次	2021 年 7 月第 1 版 □2021 年 7 月第 1 次印刷	
□书 号	ISBN 978 - 7 - 5487 - 3738 - 4	
□定 价	68.00 元	